Resonando
con Marte

ANGEL LUIS FERNÁNDEZ

Segunda edición: Junio 2017
© Derechos de edición reservados.
Editorial Amazon.

Edición: Universarium
Maquetación: Universarium
Fotografía de cubierta: Isidro Fernández de la Hoz
Cubiertas y diseño de portada: Reinaldo Díaz Redondo
Fotografía de autor: Archivo

Impresión: Amazon
ISBN: 978-1548205393

La editorial no tiene por qué estar de acuerdo con las opiniones del autor o con el texto de la publicación, recordando siempre que la obra que tiene en sus manos puede ser una novela de ficción o un ensayo en el que el autor haga valoraciones personales y subjetivas.

IMPRESO EN LOS ESTADOS UNIDOS DE AMÉRICA

Para cualquier contacto con el autor:

www.esdeihewe.com
o al Email: esdeihewe @mail.com

Angel Luis Fernández

DEDICADO

A todos aquellos que han volado a Marte alguna vez
utilizando el vehículo de su imaginación, propulsado
por la energía nuclear de su pensamiento.

CONTENIDO

RECONOCIMIENTOS

Este libro está dedicados a todas aquellas personas que, de alguna forma, fueron parte de su inspiración y culminación, a quienes, con su ayuda desinteresada, brindaron información relevante, imprescindible para la argumentación que se expone. A mis amigos del alma por siempre brindarme su apoyo, tanto sentimental, como económico. Pero, principalmente a la energía matriz del infinito, gracias a la cual, estoy aquí

¿Teleportación?

La Teleportación o teletransporte es un proceso de mover objetos o partículas de un lugar a otro instantáneamente. Literalmente quiere decir «desplazar a distancia», lo que puede ser entendido como un desplazamiento que se produce sin necesidad de establecer contacto físico directo con el objeto para que éste se mueva. La palabra teleportación fue inventada, a principios de la década de 1930, por el investigador estadounidense Charles Hoy Fort (1874 – 1932), conocido por dedicarse al estudio de hechos no solucionados por la ciencia de su época. El libro de los condenados, su obra más conocida, es una colección de hechos despreciados por la ciencia ortodoxa. Recopiló y publicó un catálogo con 25 mil entradas de fenómenos inexplicables hasta entonces, que iba clasificando en cajas de zapatos, tal como lluvias de ranas, precipitación de grandes trozos de hielo, barro, carne y azufre; nieve negra; bolas de fuego; cometas caprichosos; desapariciones misteriosas, meteoritos con inscripciones extrañas; ruedas luminosas en el mar; lunas azules; soles verdes; aguaceros de sangre. Fort, como los científicos que criticaba, reivindicaba la supremacía de "los hechos". H. P. Lovecraft consideraba a Fort uno de sus maestros. Y autores de ensayos antropológicos, como Pauwels y Bergier, reconocen haber utilizado el método de Fort de búsqueda para gestar su famosa obra "El retorno de los brujos". Fort usó la palabra teleportación para describir la supuesta conexión entre misteriosas desapariciones y apariciones en distintas partes del mundo, como en el Triángulo de las Bermudas.

La palabra «teletransporte» fue utilizada por primera vez por el filósofo británico Derek Parfit como parte de un ejercicio mental de identidad. Científicamente no se conoce ningún mecanismo por el que pueda ocurrir el teletransporte de objetos macroscópicos, ni siquiera de partículas sub-atómicas. Sin embargo, los investigadores del Instituto Max Plank en Berlín demostraron que los electrones de las moléculas de nitrógeno en su forma gaseosa, es decir las onda-partículas, existen simultáneamente. En la ciencia ficción, generalmente se basa en codificar información acerca de un objeto, transmitir la información a otro lugar, como con un sofisticado fax, y crear una copia del original en el punto de destino. El concepto de teletransporte también se ha relacionado con algunos fenómenos como son el de la ubicuidad, la habilidad de estar presente en varios lugares al mismo tiempo, generalmente atribuida a santos y magos.

Nikola Tesla

Nikola Tesla nació el 9 de julio de 1856, en Smiljan, Croacia, que por aquel entonces formaba parte del imperio Austro-Húngaro. Su padre abandonó la carrera militar para convertirse en sacerdote de la Iglesia Ortodoxa Serbia. Su madre que, aunque no recibió educación formal alguna, era brillante y tenía una memoria excepcional. Tesla siempre decía que su madre era la fuente de sus capacidades intelectuales. No obstante, la temprana muerte accidental de su hermano lo dejó marcado para toda su vida, ya que se consideraba culpable de ese accidente y con esa culpa cargó hasta el día de su muerte. Nikola Tesla fue, sin ninguna duda, el más grande genio de los siglos XIX y XX. Nuestro estilo de vida ahora, la tecnología que damos por normal, todo esto es posible por este hombre increíble. No obstante, a pesar de todas sus contribuciones a la ciencia, su nombre es poco recordado fuera del campo de la física. De hecho, Thomas Edison es a menudo erróneamente acreditado en los libros de texto con invenciones que fueron realmente desarrolladas y patentadas por Tesla.

Sus diarios perdidos revelaban que en 1899, mientras estaba en Colorado Springs, Tesla interceptó comunicaciones de seres extraterrestres que secretamente estaban controlando a la humanidad. Estas criaturas estaban preparando a los humanos para una eventual conquista y dominación, usando un programa que había existido desde la creación de la humanidad, pero que ahora se estaba acelerando debido al mayor conocimiento científico en la Tierra. Tesla escribió sobre sus años de investigaciones para interpretar las extrañas señales de radio y sus intentos de notificar al gobierno y a los militares lo que sabía. Pero sus cartas, al parecer, se quedaron sin respuesta. Algunos grupos ocultistas no dudaban en proclamar que era el extraterrestre que esperaban. No dejaban de repetir que procedía de Venus, y que había llegado a la Tierra a bordo de una nave espacial.

En el año 2004 la Fuerza Aérea de los Estados Unidos publicaba un informe titulado "Teleportation Physics Study" y publicado en la web de la Federation of American Scientists, prestigiosa institución científica. El contenido del informe abarca temas científicos muy complejos, entre ellos la teleportación. En 2005 apareció un curioso artículo en la revista Muy Interesante. Anton Zeilinger, reconocido experto en el campo de la física cuántica, había conseguido, con ayuda de todo su equipo, teletransportar un par de fotones entrelazados cuánticamente por medio de un túnel que atravesaba el Danubio por debajo. Esto suponía una distancia de 600 metros. En 2007, un equipo de investigadores de la European Space Agency (ESA) ha conseguido realizar una comunicación cuántica entre dos puntos separados por una distancia de 144 Kilómetros, situados entre las islas de La Palma y Tenerife, en España, demostrando que el efecto cuántico del entrelazamiento se mantiene a grandes distancias. Este experimento es el primer logro de un estudio cuyo objetivo es el diseño de un sistema que permita comunicarse de una forma totalmente segura con satélites mediante comunicación cuántica. En 2009 ya se ha conseguido el teletransporte de una masa considerable, en torno a unos 5000 átomos, y a la distancia de unos 23 kilómetros, en Canadá. El método fue basado en la desaparición de materia a altas velocidades. En 2004, el abogado con sede en Washington, Andrew D. Basiago, comenzó a hablar de una organización de alto secreto llamado Proyecto Pegasus.

A pesar de que sólo tenía siete años de edad en aquel momento, Basiago afirma que entre 1968 y 1972 participó en una serie de extraños experimentos que lo llevaron a viajes a través del tiempo, el espacio, y potencialmente a universos paralelos. El Proyecto Pegasus fue el programa clasificado, de investigación y desarrollo relacionado con Defensa. Este programa estaba bajo la dirección de la Defense Advanced Research Projects Agency (DARPA)) en el que la comunidad técnica de Defensa de los EE.UU. logró el viaje en el tiempo en nombre del gobierno de Estados Unidos, el verdadero experimento Filadelfia.

La misión del Proyecto Pegasus fue estudiar los efectos de los viajes en el tiempo y de la teleportación en los niños, así como para recibir importante información sobre eventos pasados y futuros para el Presidente de Estados Unidos y la comunidad de inteligencia y militar. Según Basiago, los niños fueron reclutados específicamente por su capacidad de adaptación al estrés causado al moverse entre el pasado, el presente y el futuro. Pero, ¿cómo se realizó?

Basiago afirma que había varias máquinas para el viaje en el tiempo actuando durante estos experimentos. La mayoría de estas aventuras temporales pueden atribuirse a Nikola Tesla. Documentos, supuestamente recuperados del apartamento de Tesla en la ciudad de Nueva York después de su muerte en enero de 1943, reveló el plano de una máquina de teleportación. Usando algo que Basiago denomina "energía radiante", la máquina formaría una "cortina brillante" entre dos dispositivos elípticos. Según Basiago: "La energía radiante es una forma de energía que descubrió Tesla y que está presente de manera latente y omnipresente en el universo. Entre sus propiedades tiene la capacidad de doblar el espacio-tiempo".

Al pasar a través de esta cortina de energía, Basiago entraría en un "túnel tipo vórtice" que lo enviaría a su destino. Los otros dispositivos de teleportación incluyeron una "cámara de confinamiento del plasma" en Nueva Jersey y una "sala de salto" en El Segundo, California. También hubo algún tipo de "tecnología holográfica", que les permitía viajar "tanto física como virtualmente". Sin embargo, ellos no siempre estaban a salvo. Uno de los compañeros de Basiago, Alfred Webre, recuerda un caso en el que un niño regresó de su viaje temporal antes de que sus piernas. Como él mismo dice, "Él se retorcía de dolor con sólo muñones donde sus piernas habían estado". Estos errores, según Webre, han sido subsanadas en los más de 40 años desde que se iniciaron los experimentos. En un artículo del New York Times del 21 de abril de 1908, en la página 5, columna 6, con el título "Cómo la lámpara del electricista puede construir nuevos mundos",

Nikola Tesla es citado como maestro del universo físico de la humanidad por la simple adopción de ciertas teorías: "Cada átomo ponderable se diferencia desde un tenue fluido, el éter, llenando todo el espacio con sólo el movimiento de giro, como un remolino de agua en un lago en calma. Al ser puesto en movimiento este líquido, el éter, se convierte en materia bruta. Su movimiento es detenido y la sustancia primaria vuelve a su estado normal". Este estado normal que Tesla está describiendo es 'quietud', donde la radiación vuelve luego a su línea de tiempo como materia normal. Tesla sigue abriendo realmente la puerta a teleportarse: "Parece, pues, posible que el hombre mediante energía acoplada del medio y mediante las intervenciones adecuadas para iniciar y detener remolinos de éter puede lograr que la materia se forme y desparezca".

Tesla estaba dando a entender que la materia podía ser manipulada mediante el uso de la energía inteligente, a través de la tecnología actual, para poder levitar y teleportar. Él está diciendo, en efecto, que la materia no está predestinada desde el comienzo del universo. La materia es dinámica y puede ser alterada y teleportada con la tecnología actual. Tesla continúa diciendo estas asombrosas palabras: "La Humanidad, casi sin esfuerzo de su parte, puede lograr que las viejas palabras se desvanezcan y otras nuevas existan. Él podría alterar el tamaño de este planeta, controlar sus estaciones, ajustar su distancia al Sol; guiarlo en su eterno viaje a lo largo de cualquier camino que eligiese, a través de las profundidades del universo. Podía hacer que los planetas chocaran y producir sus propios soles y estrellas, su propio calor y luz, y originar la vida en todas sus posibles formas infinitas. Podría provocar a voluntad el nacimiento y la muerte de la materia, que sería la obra más grandiosa del hombre, que lo convertiría en el dueño de la creación física, haciéndole cumplir su destino final".

Supongamos que Tesla tuviese razón, lo que su biografía nos indica que es probable. Imaginemos que alguna entidad en algún universo, no necesariamente en el que estamos viviendo, descubriese esto y llegase a crear su propio universo. Nosotros hoy estamos muy lejos de lo que Tesla explica sobre crear un universo. Irónicamente este artículo de Tesla apareció solo tres años después de que Einstein publicase su famosa Teoría de la Relatividad Especial y casi veinte años antes de que Georges Lemaitre publicase en 1927 su hipótesis del comienzo del universo, que más tarde fue llamado

Big Bang. Uno debe entender que el Big Bang y su asociada hipótesis de la expansión del universo son los únicos obstáculos actuales para conseguir la levitación y la teleportación de objetos grandes, incluidos los seres humanos. Tesla abrió la puerta de atrás en el inicio del siglo XX, pero la ciencia le cerró la puerta unos treinta años más tarde. Los vehículos Tesla podrían ser teleportados a cualquier lugar, y cuando la batería necesitase recarga, teleportarse de nuevo a una estación de carga. Actualmente tenemos la tecnología para aplicar en la práctica los conceptos de Tesla. Solo se necesita investigación y desarrollo para que ello ocurra.

El Experimento Filadelfia, también llamado Proyecto Arco Íris, es el nombre que recibió un supuesto experimento secreto llevado a cabo por la marina estadounidense en los astilleros navales de Filadelfia, en el estado de Pensilvania, alrededor del 28 de octubre de 1943. Mediante este experimento, el destructor escolta de la Armada Norteamericana USS Eldridge al parecer fue hecho electrónicamente invisible a los radares enemigos. La marina de Estados Unidos afirma que ha buscado archivos referidos a este evento y no los ha encontrado, ni ha encontrado ninguna evidencia de que se efectuase. Aunque aparentemente nos apartemos algo del tema del artículo, debemos dejar constancia de que pilotos de aviones y tripulaciones de barcos han visto con cierta frecuencia Ovnis en los cielos del Triángulo de las Bermudas.

Angel Luis Fernández

Charles Berlitz

Charles Frambach Berlitz (1914 – 2003), fue un escritor estadounidense muy conocido por sus obras sobre fenómenos paranormales, aunque también escribió sobre enseñanza de idiomas. Su libro más famoso fue el Triángulo de las Bermudas, del que vendió unos veinte millones de ejemplares, y en el que me basado para escribir las investigaciones del Dr. Jessup. Era nieto del fundador de las academias de enseñanza de idiomas Berlitz Language Schools. Él mismo fue un gran políglota que hablaba treinta y dos idiomas. Se graduó magna cum laude en la Universidad de Yale y estuvo trece años en el ejército de Estados Unidos, principalmente en la rama de espionaje. Luego trabajó en la empresa de la familia donde fue autor de libros con frases para turistas. También participó en la redacción de cursos de lenguaje grabados en cintas y discos. Sobre la posible propulsión de los Ovnis hay algunas teorías plausibles. Un método que resulta útil solamente dentro de nuestra atmósfera, consistiría en que una nave con forma discoidal y con generadores de rayos catódicos viajase rápidamente en cualquier dirección, sencillamente al hacer funcionar los generadores situados en el extremo frontal o en un costado, según el rumbo deseado.

Luego los generadores ionizarían el aire situado frente al vehículo, causando un vacío dentro del cual podría moverse. Estas bolsas de aire ionizado dejados por los Ovnis podrían muy bien ser la causa de las turbulencias de aire advertidas por los pilotos. Otro de los métodos se asemeja al de los aviones a reacción, pero sería infinitamente más rápido, cercano, en teoría, a la velocidad de la luz. Los reactores estarían basados en la fusión, y no en la fisión nuclear, y sólo se necesitaría materia y agua fusionables.

Este tipo de propulsión explicaría tal vez que se hayan visto OVNI succionando agua de algunos lagos interiores. Hay otra teoría que supone un cambio de tiempo y dimensión basado en campos electromagnéticos especiales. Morris Ketchum Jessup (1900–1959), es recordado por sus investigaciones de Ovnis y su supuesta participación en el Experimento Filadelfia. El Dr. Jessup afirmaba que hay una relación entre los Ovnis y el Triángulo de las Bermudas.

El Dr. Jessup tenía una teoría según la cual, mediante campos magnéticos, se podía transformar y transportar materia desde una dimensión a otra. Creía que los Ovnis podían entrar en nuestra dimensión y luego salir, llevándose muestras de seres humanos o de otro tipo. Además, pensaba que algunos de los accidentes habían sido provocados por los rayos catódicos de los Ovnis, que habrían creado un vacío en el cual se desintegraban los aviones que penetraban en aquel campo. Esto es probablemente lo que le ocurrió al capitán Thomas Mantel. El 7 de enero de 1948, el capitán Thomas

Mantel y varios otros pilotos de la base Godman, en Fort Knox, persiguieron con sus Mustang P-51 a un Ovni "de enorme tamaño", que habían observado cerca de la base. Cuando Mantel se elevó persiguiéndole, algunos testigos lo vieron desintegrarse. Una declaración posterior de la Fuerza Aérea sostuvo que el capitán perdió el control al haber confundido el planeta Venus por un Ovni y que el avión se desintegró al caer en picado. La realidad parece ser que Mantel voló demasiado cerca del platillo volante y cayó dentro de su campo ionizado. Su aparato estalló en tantos pedazos que no se pudo encontrar ninguno mayor que un puño. Todos los que se hallaron estaban perforados, como si hubieran sido horadados por pequeños gusanos.

Esto podría haberle ocurrido también al Constellation que Bob Brush, un piloto de avión comercial, vio estallar cerca de Gran Inagua, en las Bahamas, en octubre de 1971. Bob iba volando en un DC-6 y captó en su radar al Constellation, que volaba bajo y tal vez con dificultades.

De pronto explotó, lo que provocó una llamarada que encendió el cielo. La explosión fue tan brillante que le hizo daño en los ojos, lo que era absolutamente desusado. Una embarcación que se hallaba en las cercanías recogió un manual de vuelo que Bob pudo examinar luego. Estaba acribillado de pequeños agujeros, igual que los restos del avión desintegrado de Mantel.

Sean lo que fuesen, los Ovnis parecen crear un torbellino magnético temporal y un tipo de ionización que puede causar la desaparición o la desintegración de barcos y aviones. Nacido en Rockville, Indiana, Jessup se interesó desde niño en la astronomía, y recibió una licenciatura en Astronomía la Universidad de Míchigan en 1926, mientras trabajaba en un observatorio. Sin embargo, nunca se sirvió del título, aunque varias veces fue conocido como Dr. Jessup.

A partir de 1932 Jessup comenzó a trabajar en una gran variedad de trabajos que nada tenían que ver con sus estudios. A pesar de esto, hacia 1950 se convirtió en uno de los primeros investigadores del fenómeno Ovni, y recibió más atención en 1955 cuando escribió su libro The Case for the UFO (casos de OVNI) donde hablaba de varios casos de Ovnis ocurridos entre 1947 y 1954.

Jessup especuló que la anti-gravedad o el electromagnetismo pueden ser responsables del comportamiento de vuelo observado en los Ovnis, y lamentó que la investigación de los vuelos espaciales se concentrara en el área de los cohetes, y que se pusiera poca atención a otros medios teóricos de vuelo, que él consideraba rendirían más frutos al final.

En sus últimos años de vida escribió más sobre el fenómeno Ovni y fue reconocido como un verdadero astrónomo. Sin embargo, solo fue en sus últimos cuatro años, luego de tres décadas de fracasos. Antes de morir, Jessup creía que estaba a punto de descubrir la base científica de lo que estaba ocurriendo, que para él resultaba explicable según la "teoría de campo unificado" de Einstein. La misteriosa muerte de Jessup ha sido tema de muchas especulaciones.

Algunos amigos suyos dijeron que Jessup no era el tipo de persona que se suicidara. Otros han sugerido que fue asesinado porque se negó a dejar las investigaciones sobre el enigma de los Ovnis. También se dijo que algo tuvieron que ver los hombres de negro. Sin embargo, otros amigos dijeron que Jessup estaba deprimido a causa de problemas personales, y que había anunciado su suicidio a un íntimo amigo suyo. Después de haber recibido información por parte de un soldado que participo en el Proyecto Filadelfia, Jessup investigo lo que paso e hizo grandes descubrimientos. Mientras investigaba, fue visitado por personas de la marina de estados Unidos para saber que estaba haciendo.

Un día, yendo a dar una conferencia sobre lo que había descubierto, aparentemente fue asesinado. Su cuerpo fue encontrado, fue dado por muerto y firmo todos los papeles un doctor que nunca existió. Los documentos que Jessup tenía sobre su investigación y sus descubrimientos sobre el Proyecto Filadelfia, desaparecieron.

La base de la "teoría de campo unificado" está en que todos nuestros conceptos de espacio-tiempo y materia-energía no son entidades separadas, sino transmutables en las mismas condiciones que la perturbación electromagnética. En realidad, la teoría de campo unificado ofrece otra explicación acerca de cómo los Ovnis podrían materializarse y desaparecer tan repentinamente.

En la práctica es algo que tiene que ver con los campos magnéticos y eléctricos. Un campo eléctrico creado en un anillo induce un campo magnético en ángulo recto con relación al primero. Cada uno de estos campos representa un plano del espacio. Pero, puesto que existen tres planos del espacio, debe haber un tercer campo, que posiblemente es gravitacional. Mediante el enlazamiento de generadores electromagnéticos, de forma que produzcan un pulso magnético, sería posible crear este tercer campo, a través del principio de la resonancia. Jessup pensaba que la Marina de los Estados Unidos tropezó inadvertidamente con este fenómeno durante un experimento de guerra que se realizó en un destructor y que recibió el nombre de Experimento Filadelfia.

El Proyecto Arcoíris

El experimento habría sido conducido por el Dr. Franklin Reno (o Rinehart) como una aplicación militar de la teoría de campos unificados o "teoría general de la gravedad" de Albert Einstein. En resumen, la teoría postula la interrelación entre las fuerzas de la radiación electromagnética y la gravedad. El Experimento Filadelfia, también conocido como Proyecto Arco Iris, fue supuestamente un intento por parte de la Marina de crear un barco que no pudiera ser detectado por minas magnéticas y/o radar. Sin embargo, sus resultados, se dice, fueron muy diferentes y mucho más peligrosos de lo que la Marina hubiera esperado. A principios de 1930 la Universidad de Chicago investigó la posibilidad de la invisibilidad a través del uso de la electricidad.

Este proyecto fue más tarde movido al Instituto Princeton de Estudios Avanzados, en donde fue nombrado Proyecto Arco Iris o proyecto invisibilidad, y fue constituido en 1936. Nikola Tesla fue nombrado Director del Proyecto. A Tesla se le dio todo lo que fue requerido por él para probar el proyecto. Tesla requirió y se le dio un barco de la Marina de Guerra, en el cual iban a efectuarse las pruebas. La primera prueba de invisibilidad ocurrió en 1940 y fue inscrita y designada como un éxito total, cuando un barco de la marina, sin tripulación a bordo, se desvaneció de su plano de existencia.

El diseño básico tenía dos bobinas Tesla grandes, un tipo de electroimanes, colocados en cada lado de la nave. Las bobinas se encendían en una especial secuencia, y su fuerza magnética era tan poderosa que doblaban la misma gravedad. Basado parcialmente en los anteriores experimentos de electro-gravedad de Tesla, el Proyecto Arco Iris probó ser mucho más peligroso de lo que originalmente fue concebido. El investigador estadounidense Al Bielek afirma que Tesla comenzó a tener dudas acerca de la seguridad del experimento, debido a sus supuestas comunicaciones con extraterrestres.

Tesla afirmaba que estaba hablando con ETs de fuera del planeta. Tesla mantuvo un laboratorio en su vivienda en el Hotel New Yorker. Pero tenía un segundo laboratorio, más secreto, que aparentemente era su laboratorio principal, en un altillo del Waldorf Astoria, en el piso de arriba, y en ambas torres del ático. Tesla mantuvo un equipo transmisor en el Waldorf, así como su equipo de recepción y sus antenas, que habían sido construidos por RCA bajo su dirección. Dos personas que estaban trabajando con Tesla durante ese período, dijeron que estaba usando este equipo para hablar con alguien, virtualmente todos los días. Aparentemente uno de los comunicantes era alguien de fuera del planeta. Tesla indicó que iba a haber un serio problema con las personas involucradas en el experimento si alguien estuviese en el barco mientras las bobinas de gauss eran encendidas, y que la radiación electromagnética les dañaría dentro de esta realidad. Tesla dijo en numerosas ocasiones que estaba en contacto con extraterrestres, y que los ETs habían confirmado que habría un problema con el experimento. Tesla quería aclarar estos problemas antes de que comenzaran más experimentos.

Angel Luis Fernández

Marija Oršić

Y ahora entramos en otro misterioso caso que puede tener alguna relación con el planeta Marte. Se trata de Maria Orsic, que fue una famosa médium, líder de la Sociedad Vril (Vril Gesellschaft). Nació el 31 de octubre de 1895, en Zagreb, actual Croacia, aunque muy pronto su familia se trasladó a Viena. Su padre fue un inmigrante croata de Zagreb, mientras que su madre era de Viena. Apoyó el movimiento nazi y la anexión de Austria al Reich (Anschluss).

En Múnich, Maria estuvo en contacto con la Thule Gesellschaft y pronto crearía su propio círculo junto con una mujer llamada Traute, de Munich, así como con otros compañeros. Este círculo se llamaría Alldeutsche Gesellschaft für Metaphysik, nombre oficial de la Sociedad Vril. Las mujeres principales de la Sociedad Vril eran Maria Orsic, Traute, Heike y Sigrun. Todas eran mujeres jóvenes que, entre otras cosas, estaban en contra de la creciente moda del estilo de cabello corto entre las mujeres. Maria y Traute eran particularmente bellas y usaban una cola de caballo muy larga, un estilo de cabello muy inusual en esa época. Esto se convirtió en una característica distintiva en todas las mujeres que se integraron a la Sociedad, que existió hasta mayo de 1945, año en que María Orsic desapareció sin dejar rastro. Las mujeres de la Sociedad Vril creían que su cabello largo actuaba como un receptor cósmico que recibía comunicación alienígena.

Sin embargo, ellas difícilmente exhibían su cabello con cola de caballo en público. Para identificarse, las integrantes de la Sociedad Vril, también llamadas, Vrilerinnen, llevaban un disco que representaba a las dos médiums María Orsic y Sigrun. El doctor Willy Ley fue uno de los más grandes expertos del mundo en materia de cohetes. Pero huyó de Alemania en 1933. Por él nos hemos enterado de la existencia en Berlín, poco antes de que el nazismo alcanzara el poder, de una pequeña y misteriosa comunidad. Esta comunidad se fundaba, literalmente, en lo que se explicaba en una novela del escritor inglés Bulwer Lytton, titulada La raza que nos suplantará.

Esta novela presenta a unos hombres cuyo psiquismo está mucho más desarrollado que el nuestro. Han adquirido poderes sobre ellos mismos y sobre las cosas, de tal manera que los hace semejantes a los propios dioses. De momento siguen ocultos en cavernas situadas en el interior de la Tierra. Pero Bulwer Lytton afirma que pronto saldrán de ellas para reinar sobre nosotros. Esto era todo lo que parecía saber el doctor Willy Ley. Añadía, con aire incrédulo, que los discípulos de aquella comunidad creían poseer ciertos secretos para cambiar de raza y para igualarse a los hombres ocultos en el interior de la Tierra. Utilizaban métodos de concentración y toda una gimnasia interior para transformarse. Comenzaban sus ejercicios contemplando fijamente la estructura de una manzana partida en dos.

Esta sociedad berlinesa se llamaba: «La Logia

Luminosa» o «Sociedad del Vril». El Vril se supone que es una poderosa energía de la cual sólo utilizamos una ínfima parte en la vida ordinaria. Se dice que el que llega a ser dueño del Vril se convierte en dueño de sí mismo, de los demás y del mundo.

La «Logia Luminosa» tenía amigos entre miembros de la Teosofía y entre grupos Rosacruz. Según Jack Belding, autor de la curiosa obra Los siete hombres de Spandau, Karl Haushoffer perteneció a esta Logia. Louis Pauwels y Jacques Bergier, en su libro El retorno de los Brujos, escrito en 1967, hicieron una espectacular revelación acerca de la Sociedad Vril de Berlín. Muchos años después, Jan van Helsing, Norbert-Jürgen Ratthofer y Vladimir Terziski ampliaron su investigación, relacionando la Sociedad Vril con los Ovnis nazis.

Entre otras cosas, escribieron que la sociedad había contactado, a través de la médium Maria Orsic, con una raza alienígena. En compañía de la Sociedad Thule y el Partido Nazi, desarrollaron una serie de prototipos de platillos volantes. Tras la derrota nazi, la sociedad se retiró supuestamente a una base en la Antártida y desapareció. Esta Sociedad Vril se relaciona con el wotanismo de Guido von List, con la sociedad Thule, con varias "religiones" paganas de la antigua Europa, con el ocultismo, así como con Anherbe de las SS y su castillo de Wewelsburg.

El Wotanismo, nombre derivado de Wotan, el

antiguo Dios de los germanos, que es la versión germánica de Odín, el dios principal de la mitología nórdica, es una religión que contiene elementos de las tradiciones paganas germánicas, con características procedentes del misticismo germánico, que posee una doctrina teológica y cosmológica dualista de origen pagano. Terziski, un ingeniero búlgaro autoproclamado presidente de la Academia Americana de Ciencias Disidentes, afirma que los alemanes colaboraron en su investigación de aviación avanzada con las otras potencias del eje, Italia y Japón y que continuaron el desarrollo tras la guerra, desde Nueva Suabia, en la Antártida. Terzisk dice que los alemanes alunizaron aproximadamente en 1942 y establecieron una base subterránea en la Luna.

Cuando los rusos y los estadounidenses llegaron secretamente a la Luna en la década de los 50, dice Terziski, estuvieron en esta base que aún funcionaba. Según Terziski, "hay una atmósfera, agua y vegetación en la Luna". Por esto la NASA oculta y excluye al tercer mundo de la exploración lunar. Terziski ha sido acusado de fabricar la evidencia fotográfica y los videos. En 1978 Serrano, un diplomático chileno y simpatizante nazi, publicó "El Cordón Dorado", en donde afirmaba nada menos que Adolf Hitler era un avatar de Vishnú y estaba en contacto con dioses hiperbóreos en una base subterránea en la Antártida. Serrano predijo que Hitler llevaría una flota de Ovnis desde su base para establecer el IV Reich.

En Múnich, Maria estuvo en contacto con la Thule Gesellschaft y pronto crearía su propio círculo, junto con una mujer llamada Traute, de Munich, así como con otros compañeros. Es curioso que dos súbditos de la antigua Yugoslavia, viviendo a ambos lados del océano Atlántico, y sin una aparente previa relación, mantuviesen una numerosa correspondencia – luego confiscada – sobre la construcción de una aeronave anti-gravitacional. Tesla era científico en Nueva York, mientras que María era médium en la Alemania del Tercer Reich. Tesla murió en 1943 y María desapareció literalmente en 1945. Ambos eran de procedencia yugoslava, amantes de los animales, vegetarianos, sin estudios universitarios terminados, solteros y sin hijos, sin religión, en contra de las guerras, pobres y casi indigentes, y ambos fueron estrechamente vigilados por las agencias militares y de inteligencia: Nikola Tesla por el FBI, la OSS y la CIA, y María Orsic, por la Gestapo y las SS. Nikola emigró a Nueva York y María a Berlín.

Si los descubrimientos e inventos en el campo electromagnético de Nikola Tesla eran uno de los mayores secretos custodiados por las agencias militares, aún fue superior el grado de clasificación, en materia de seguridad, de la numerosa correspondencia que éste mantuvo con María Orsic. María y Nikola estaban relacionados en la construcción de una máquina voladora anti-gravitatoria y por sus supuestos contactos con extraterrestres.

Nikola era un científico y un genio del electromagnetismo, pero María era una chica a la que gustaba llevar el pelo muy largo, que le llegaba casi hasta las rodillas, que enseñaba ballet a principiantes e impartía clases de idiomas, pero que un día cayó en trance y comenzó a tener continuas experiencias mediúmnicas en las que recibió toda clase de datos técnicos y planos para la construcción de una nave voladora anti-gravitatoria.

Ambos, María y Tesla, mantuvieron una numerosa correspondencia de la que nada se sabe y que siempre constituyó un expediente clasificado de máxima seguridad. Entre los papeles de Tesla se encontraron detalles elaborados, dibujos y planos de una maquina voladora de anti-gravedad, en la línea de los supuestos Ovnis alemanes y de las naves Vril de María Orsic. En la Alemania Nazi hubo dos líneas diferenciadas en la construcción de Ovnis o Vril alemanes del Tercer Reich. Por un lado, científicos alemanes y austriacos trabajaban en sistemas de propulsión basados en datos científicos tradicionales o de vanguardia, que pronto pasaron al control de las SS. Por otro lado, el proyecto de María Orsic y el Dr. Otto Schumann, basado en datos técnicos ofrecidos por extraterrestres. María afirmaba que recibía información técnica en lengua sumeria de unos seres que decían ser mensajeros del planeta Ashtari/Aldebaran.

El Dr. Winfried Otto Schumann (1888 – 1974) un

físico alemán que predijo las resonancias de Schumann, una serie de resonancias de baja frecuencia causadas por la descarga de rayos en la atmósfera, quedó impresionado al comprobar que los proyectos de aeronaves de vanguardia de Viktor Schauberger y Karl Haushofer no estaban tan avanzados como los que aportaba Maria Orsic.

Nikola Tesla tenía información sobre extraterrestres que anotaba, en sanscrito, en su libro de notas, y decía que dos razas alienígenas estaban en guerra, por lo que estaba preocupado por la humanidad. Por esa razón inventó un "Rayo de la muerte" que podría destruir naves alienígenas. El 20 de Julio de 1931, Nikola Tesla hizo la siguiente declaración a la revista Time Magazine: "Yo he concebido un modo que hará posible que los humanos transmitan energía en grandes cantidades, de miles de caballos de potencia, de un planeta a otro, sin limitaciones de distancia".

Nikola Tesla murió aparentemente el 7 de enero de 1943 en su habitación de dos piezas en el New Yorker Hotel e inmediatamente todo su trabajo y posesiones fueron confiscadas por el gobierno de los Estados Unidos. María desapareció en marzo de 1945 de Berlín y nunca se ha sabido más de ella. En diciembre de 1943, Maria asistió junto con su amiga Sigrun, también médium, a un encuentro organizado por la Sociedad del Vril, a orillas del mar, en la ciudad de Kolberg. Supuestamente, el principal objetivo de dicho encuentro era el de debatir el

"Proyecto Aldebarán". Las médiums de la Sociedad del Vril habrían recibido información telepática sobre planetas habitables alrededor de Aldebarán, y planeaban viajar hasta allí.

Aunque el tema de Aldebarán pueda parecer algo fantasioso y difícil de creer, debemos decir que las antiguas tradiciones afirman (sorprendentemente) que la escritura se inventó antes que la creación del mundo. Y existía un libro que, según se cuenta, tenía la forma de una piedra de zafiro (es curioso lo mucho que nos suena a un sofisticado tipo de soporte de libros digitales). Según los escritos, Raziel, un ángel (o arcángel) que se sentaba junto al río que brotaba del Edén, es el autor de este libro llamado "Sefer Raziel HaMalach" (el libro del arcángel Raziel), donde «está anotado todo el conocimiento celestial y terrestre».

Sefer Raziel HaMalach

El Arcangel Raziel entregó este misterioso libro a Adán. Debía de ser algo especial, pues no sólo contenía todo el conocimiento, sino que también predecía el futuro. El ángel Raziel dijo a Adán que encontraría en el libro todo «lo que te sucederá hasta el día que mueras». Y no sólo Adán se beneficiaría de este enigmático libro, sino también sus descendientes, tal como Raziel le explicó: "También tus hijos, que vendrán después de ti, hasta el último de la raza, sabrán por este libro lo que habrá de pasar cada mes y lo que habrá de pasar entre el día y la noche; a cada uno le será conocido (…) si habrá de padecer desventuras o hambre, si el trigo será abundante o escaso, si habrá lluvia o sequía". En el misticismo judío de la Cábala el arcángel Raziel es el «guardador de secretos», «el secreto de Dios» y el «arcángel de los misterios».

En hebreo el nombre Rzial significa 'secretos del dios cananeo El'. Según varios Rabinos es un querubín y el jefe de los Ofaním. Los Ofaním son considerados ángeles extraños y misteriosos ya que, según se relata en Ezequiel, "su aspecto es el de ruedas luminosas que giran continuamente, están cubiertas de grandes ojos y su única misión es mover el carro que transporta a Dios hasta los límites del mundo material (¿¿¿)".

A Raziel se le describe como un arcángel de alas

azules, aura dorada brillante alrededor de su cabeza y ropas azules que poseen propiedades sorprendentes. Se dice que Raziel estaba cerca del trono de Dios (Yahveh o Jehova) y por lo tanto oía todo lo que allí se decía y discutía. Después que el ángel Raziel entregó el libro a Adán, sucedió algo maravilloso: "Y en la hora en que Adán recibió el libro surgió un fuego en la orilla del río, y el ángel ascendió al cielo entre las llamas. Entonces supo Adán que el mensajero era un ángel de Dios, y que el libro se lo había enviado el santo Rey. Y lo conservó con santidad y con pureza". En el libro estaban grabados los símbolos de la sabiduría sagrada, y en él se contenían setenta y dos categorías de conocimientos, divididas en 670 símbolos de los misterios superiores. También contenía 1.500 claves secretas.

Adán leyó el libro que le otorgaba el poder de dar nombre a todos los objetos y a todos los animales. Pero, cuando cometió su famoso "pecado original", el libro sorprendentemente «salió volando de entre sus manos». Adán lloró amargamente y se sumergió en las aguas de un río. Cuando su cuerpo se quedó hinchado, el Señor tuvo misericordia de él y ordenó al ángel Rafael que le devolviese la misteriosa piedra de zafiro. Adán entregó el mágico libro a su hijo Set y le explicó «en qué consistía su poder y su maravilla. También le habló de cómo había usado él el libro, y le dijo que lo había escondido en una fisura de las rocas». Set también recibió instrucciones de cómo usarlo y de cómo «conversar con el libro». Sólo podía acercarse al libro con veneración y humildad. Debía lavarse a fondo antes de utilizarlo y no debía comer cebolla, ajo u otras especias (¿¿¿). Set siguió las instrucciones de su padre y aprendió durante toda su vida de la piedra sagrada de zafiro. Finalmente construyó «... un cofre de oro; guardó en él el libro y escondió el cofre en una cueva en la ciudad de Enoc». El libro permaneció en aquel escondite hasta que «al patriarca Enoc se le reveló en un sueño el lugar donde estaba escondido el libro de Adán».

Enoc, el patriarca antediluviano que era el hombre más sabio de su época, fue a la cueva y por algún medio misterioso se le reveló cómo debía utilizar el libro. Y «en el momento mismo en que le quedó claro el significado del libro, se le encendió una luz». Enoc comprendió entonces todo lo referente a las estaciones, los planetas, las estrellas y los ángeles que dirigen sus cursos. Y ¿qué sucedió con el libro? En este caso fue otro arcángel, Rafael, el que lo hizo llegar a las manos de Noé y le explicó el modo de utilizarlo. El libro seguía estando «escrito sobre una piedra de zafiro», y Noé, después del diluvio, lo leyó y aprendió los cursos de todos los planetas, así como «los cursos de Aldebarán, Orión, Sirio». También aprendió de él «... los nombres de todas las diferentes esferas del cielo (...) y los nombres de todos los servidores celestiales».

Es realmente sorprendente que a Noé le pudiesen interesar los cursos de la estrella Aldebarán, la constelación de Orión y la estrella doble (o triple) de

Sirio, o conocer los nombres de los misteriosos «servidores celestiales». Luego se dice que Noé depositó el libro en un cofre de oro y fue lo primero que metió en el arca. Y cuando Noé salió del arca, conservó el libro hasta el final de su vida.

El Proyecto Aldebarán

Este proyecto se discutió de nuevo el 22 de enero de 1944 en un encuentro entre Hitler, Himmler, el Dr. W. Schumann (científico y profesor de la Universidad Técnica de Munich) y Kunkel de la Sociedad del Vril. Se decidió que un prototipo de Vril 7 "Jäger" ("cazador", en alemán) sería enviado a través de un supuesto canal dimensional en dirección a Aldebarán. De acuerdo con el escritor N. Ratthofer, el primer test de vuelo a través de dicho canal dimensional tuvo lugar a finales de 1944. El test casi acabó en una desgracia porque, tras el vuelo, el Vril 7 parecía como si hubiera estado volando durante cientos de años. Y no solo por su aspecto, sino porque además presentaba daños en multitud de sus componentes.

A Maria Orsic se le pierde el rastro en 1945. El 11 de marzo de 1945 un supuesto documento interno de la Sociedad del Vril fue enviado a todos sus miembros. Contenía una carta escrita por Maria Orsic. La carta termina diciendo: "niemand bleibt hier" ("no hay nadie aquí").

Esta sería la última comunicación enviada por la Sociedad del Vril y desde entonces nadie volvió a saber nada sobre Maria Orsic ni ningún otro de sus miembros. Muchos siguen creyendo que huyeron a Aldebarán. Volviendo al Experimento Filadelfia, la Marina quiso continuar con el proyecto, ya que aducían que estaban luchando una guerra y querían resultados inmediatos. En el segundo experimento. Tesla, temiendo que hubiera gente lastimada o muerta en el experimento, decidió sabotear la prueba de 1942. Resintonizó el equipo para que no funcionara y fallara la prueba. Tesla renunció en marzo de 1942 y dejó el proyecto.

El 13 de enero de 1956, Jessup recibió una carta de un hombre que se identificaba como "Carlos Miguel Allende". En ella, Allende informaba a Jessup del Experimento Filadelfia, aludiendo a artículos periodísticos de la época de fuentes dudosas como "prueba". Allende también decía haber sido testigo de la desaparición y reaparición del Eldridge mientras trabajaba en un barco mercante que se encontraba cerca, el SS Andrew Furuseth. Incluso mencionó los nombres de otros tripulantes del Andrew Furuseth, y decía saber del destino de algunos miembros de la tripulación del Eldridge tras el experimento, incluyendo uno que dice haber visto "desaparecer" durante una pelea en un bar. Jessup le respondió a Allende con una postal, pidiendo más evidencias y corroboración de la historia, tales como fechas y detalles específicos de la fantástica historia.

La respuesta llegó varios meses más tarde. Sin embargo, esta vez el hombre se identificaba como "Carl M. Allen". Allen dijo que no podría proveer los detalles pedidos por Jessup, pero insinuaba que podrían ser obtenidos a través de la hipnosis. Jessup decidió descontinuar la correspondencia. Según

Jessup, el Experimento Filadelfia era una experiencia secreta que la Marina realizó durante la guerra, en 1943, en el mar, frente a la ciudad de Filadelfia. Su finalidad era verificar el efecto de un fuerte campo magnético sobre una embarcación de superficie tripulada. Esto había de realizarse utilizando generadores magnéticos.

Se emplearon generadores pulsadores y no pulsadores para crear un enorme campo magnético sobre y alrededor de un barco inmovilizado. Los resultados fueron tan sorprendentes como importantes, aunque tuvieron consecuencias posteriores muy desafortunadas para la tripulación. Cuando empezó a realizarse la experiencia surgió una luz verdosa y opaca, similar a la luminosidad gris brumosa que según los testimonios de supervivientes de que disponemos se produce durante los incidentes del Triángulo de las Bermudas. Muy pronto, el buque entero estaba cubierto por este velo verde y la nave, con tripulación y todo, empezó a desaparecer de la vista de los que se hallaban en el muelle. Sólo podía verse la línea de flotación. Posteriormente se dijo que el destructor había aparecido y vuelto a desaparecer en Norfolk, Virginia, a unos 320 km. de distancia. Un ex miembro de la tripulación informó que el experimento resultó exitoso, y que se produjo un campo de invisibilidad de forma esférica que se extendía a lo largo de cien metros, dejando ver la depresión causada por el barco, pero no el barco mismo. Al intensificarse la fuerza del campo empezaron a desaparecer algunos marinos que tuvieron que ser hallados mediante una búsqueda al tacto y vueltos a la visibilidad mediante una especie de técnica de recuperación manual.

Otros quedaron tan lejos de sus dimensiones materiales que sólo pudieron ser detectados y devueltos a la normalidad mediante un aparato electrónico especialmente diseñado. En aquellos casos, cuando un compañero no podía ser visto ni oído, la tripulación solía decir. "Se quedó pegado en melaza".

Lo que se había producido realmente era un estado de animación suspendida, cuya recuperación completa podía convertirse en un serio problema. Se rumoreó que muchos marinos fueron hospitalizados, otros murieron y otros resultaron con perturbaciones mentales. En general, la capacidad física pareció haber aumentado. Algunos tripulantes conservaron los efectos de la transmutación causados por el experimento, y desaparecían y reaparecían temporalmente, en casa, mientras iban por la calle, o mientras estaban sentados en bares y restaurantes, causando asombro y consternación entre transeúntes y camareros. De pronto, cuando la llevaban a tierra, la bitácora del buque estalló en llamas, con insultados desastrosos para el que la llevaba.

Tal vez Jessup no presenció todos estos incidentes, por lo que no puede afirmarse cuántas de las cosas que contó fueron vistas por él. Pero, en todo caso, las investigó muy a fondo. Hay que tener en cuenta que Jessup era un científico y astrónomo distinguido. Estuvo a cargo del mayor telescopio reflector del Hemisferio Sur y dirigió diversos proyectos relacionados con eclipses, fue el descubridor de las estrellas dobles y tenía una trayectoria científica brillante.

La razón por la que estuvo relacionado con el Experimento Filadelfia fue que un hombre que alegaba haber sobrevivido a la prueba, llamado Carlos Allende (o Carl Allen) le escribió en 1956, en relación con su libro El caso de los Ovnis. Además, había gran similitud entre su teoría y lo ocurrido durante el experimento. Allende comenzó a escribirse regularmente con Jessup, quien respondía, naturalmente, como cualquier autor a un seguidor. Algún tiempo más tarde, la Oficina de Investigación Naval (ONR) le pidió que viajara a Washington. Hay que tener en cuenta que la censura había encubierto el Experimento Filadelfia, con excepción de un pequeño artículo publicado en un periódico de aquella ciudad. Le enseñaron un ejemplar de su libro, que había aparecido en las oficinas de la ONR, y que estaba lleno de anotaciones relativas a sus teorías, al Experimento Filadelfia y a las actividades de los Ovnis. Luego le preguntaron si reconocía la letra, que al parecer pertenecía a tres personas distintas.

Las teorías de Jessup podrían ser viables, aunque toda la cuestión del magnetismo es, por ahora, un misterio. Si desarrolláramos las sugerencias contenidas en la teoría del campo unificado de Einstein, que relacionan los campos gravitacionales y electromagnéticos con la teoría del espacio-tiempo, y si los campos magnéticos fuesen suficientemente fuertes, esta sería la causa de que los objetos y la gente cambiasen de dimensión, haciéndose invisibles. La respuesta a la cuestión de las desapariciones en el Triángulo de las Bermudas se halla tal vez en anomalías electromagnéticas que se evidencian sólo en algunas épocas, cuando son activadas por casualidad o a propósito. Y parece posible que la presencia de Ovnis cree las cargas de energía requeridas. Pero no deja de ser curiosa esta concentración de incidentes en el Triángulo de las Bermudas.

Tal vez los seres inteligentes que manejan los Ovnis no estén sólo tomando muestras y verificando nuestro progreso científico, como lo demuestra su interés por Cabo Kennedy y nuestras pruebas espaciales, sino que están retornando a lo que podrían ser antiguos recintos sagrados o quizá centros o estaciones generadores de energía que actualmente están cubiertos por el mar. En años recientes se ha descubierto, cerca de las Bimini y en otros lugares de las Bahamas, grandes construcciones en el fondo del mar que constituyen indicios de que allí existía hace miles de años una civilización muy desarrollada. Resulta más que curioso que hayan ocurrido tantos incidentes en esta zona y que haya habido tantas visiones de Ovnis, no sólo en el cielo, sino también entrando y saliendo del océano.

A finales de la década de 1930, Nikola Tesla, afirmó haber completado una teoría dinámica de la gravedad, que básicamente explicaba la gravedad como una mezcla de ondas electromagnéticas longitudinales y transversales. Esta teoría fue adoptada por un grupo de trabajo que experimentaba con los campos electromagnéticos en la Universidad de Chicago, donde se estaban iniciando las investigaciones sobre la posibilidad de la invisibilidad a través del uso de campos eléctricos y magnéticos. En 1939 este proyecto se habría trasladado al Instituto de Estudios Avanzados de la Universidad de Princeton. En un momento determinado, afirmaron haber conseguido la invisibilidad de pequeños objetos, por lo que lo presentaron al gobierno de los Estados Unidos. En los ámbitos militares vieron el potencial de esta nueva tecnología y decidieron sufragar el curso de las investigaciones a fin de dirigirlas hacia su aplicación a la industria bélica.

Angel Luis Fernández

El Experimento Filadelfia

El USS Eldridge fue modificado para transportar toneladas de equipamiento electrónico, entre el que se incluirían dos enormes generadores, montados en el lugar que debería ocupar la torreta de cañones de proa, y que distribuían su potencia a través de cuatro bobinas montadas en cubierta. Fueron empleados tres transmisores de 2 megavatios cada uno, 3.000 tubos amplificadores, para canalizar los campos de las bobinas de los dos generadores, circuitos de sincronización y modulación, a fin de generar campos electromagnéticos masivos que, correctamente configurados, serían capaces de curvar las ondas de luz y de radio alrededor del buque, haciéndolo invisible.

Las pruebas habrían empezado el verano de 1943, y hasta cierto punto tuvieron éxito al principio. Una prueba, el 22 de julio de 1943, volvió al USS Eldridge casi totalmente invisible, con algunos testigos reportando una "niebla verdosa". Sin embargo, algunos miembros de la tripulación se quejaron posteriormente de náuseas. En ese momento, el experimento fue alterado a petición de la Marina, con el objetivo de hacer al navío invisible únicamente a los radares. El equipo fue recalibrado y el experimento se llevó a cabo el 28 de octubre.

Esta vez, el Eldridge no sólo se volvió totalmente invisible a la vista, sino que de hecho desapareció del área en un relámpago azul. Al mismo tiempo, la base naval estadounidense en Norfolk, Virginia, a 320 km de distancia, un marinero declaró haber visto al Eldridge durante 15 minutos, al final de los cuales desapareció, para volver a aparecer en Filadelfia, en sus coordenadas originales. Supuestamente fue un caso accidental de teleportación.

Según el relato de Carlos Allende, los efectos fisiológicos en la tripulación fueron profundos. Mareos muy violentos, personal que desapareció por completo, otros que simplemente se volvieron locos o padecieron esquizofrenia severa, y lo más terrorífico fue el hallazgo de cinco miembros de la tripulación fundidos completamente con la estructura de metal de la proa del buque, mientras que otros tantos sufrieron desmaterializaciones de algunas partes de sus cuerpos. Supuestamente, los oficiales navales, horrorizados, cancelaron el experimento inmediatamente.

Los supervivientes nunca fueron los mismos, y permanecieron en una suerte de amnesia total. Los detalles de este experimento fueron revelados indirectamente. El personaje Carl Allen fue un verdadero enigma. El verdadero nombre de Carl Allen era Carl Meredith Allen, quien cambió varias veces de nombre y domicilio. Nació en Springdale (Pensilvania) en mayo de 1925, y se le suponen por lo menos cinco seudónimos. Es el menor de tres hijos. Su padre era irlandés y su madre gitana. Se alistó en la Marina de los Estados Unidos el 14 de julio de 1942, y se licenció el 21 de mayo de 1943. En julio de 1943 entró en la marina mercante, que abandonó en octubre de 1952, y desde entonces fue una especie de vagabundo. Se dice que visitó la Corporación Varo, una empresa de investigación, por invitación de su presidente, y que estuvo en contacto con el doctor Edward U. Condon durante la investigación sobre Ovnis que realizó en la Universidad de Colorado. Allen reconoció ser el autor de las cartas de Jessup y de las anotaciones que había en el libro enviado a la ONR. Murió en un asilo de Colorado el 5 de marzo de 1994.

La historia del Experimento Filadelfia se basa, sobre todo, en la información contenida en dos cartas enviadas en 1956 por Carlos Allende (o Carl Allen) a Morris Jessup. Entre otras frases, en las cartas se decía que: "Quiero mencionar que de algún modo también el barco experimental desapareció del muelle de Filadelfia y muy pocos minutos después apareció en otro muelle en Norfolk, en la zona de Portsmouth. Éste fue señalado y claramente identificado, pero entonces el barco desapareció de nuevo y volvió a su muelle de Filadelfia en sólo unos pocos minutos o menos".

Al barco lo rodeaba una niebla verde, y esto es lo que sucede en la mayoría de los casos reportados en el Triángulo de las Bermudas. En octubre de 1943 los tripulantes viajaron, durante los 15 minutos que duró la invisibilidad, desde el muelle de Filadelfia a otro muelle en Norfolk. Hay rumores de que se produjo una pelea en un bar donde los tripulantes supervivientes comenzaron a materializarse y desmaterializarse. Lo que ocurrió en aquel lugar ha dado pie a infinidad de estudios, reportajes, libros e incluso varias películas, pese a que no existe ninguna documentación oficial sobre este enigmático episodio.

El objetivo del experimento era enormemente ambicioso; ni más ni menos que hacer desaparecer un barco de la Marina estadounidense mediante la utilización de un potente campo magnético provocado por unos generadores eléctricos emplazados en sus bodegas. Al parecer, este objetivo se cumplió con creces. Además de desaparecer, el buque se teletransportó, apareciendo a cientos de millas de distancia. En los meses y años siguientes, los supervivientes del experimento sufrieron extrañas experiencias.

Al parecer, de repente desaparecían ante la mirada atónita de sus familiares, ya fuera en su propia casa o incluso caminando por la calle. En otras ocasiones, se quedaban totalmente inmóviles, sin poder reaccionar a los estímulos exteriores, o perdían la noción del tiempo. De todos modos, ninguno de los marineros que se vieron implicados en aquel experimento accedió a hablar públicamente del mismo, debido a que se les había advertido de su carácter secreto. Esta circunstancia no es extraña, puesto que durante la Segunda Guerra Mundial se produjeron muchos otros episodios en los que estaba involucrado un buen número de testigos y, aun así, no llegó a trascender ningún detalle hasta que la administración levantase, décadas más tarde, el velo de silencio que lo cubría.

Pero, ¿qué hay de verdad en el Experimento Filadelfia? En primer lugar, hay que señalar que el destructor objeto del experimento existió en realidad. No obstante, según los datos que figuran en los archivos de la Marina norteamericana, el USS Eldridge no entró en servicio hasta el 27 de agosto de 1943, es decir, un mes después del primer experimento. Pero otro dato desconcertante es que, según los registros oficiales, el 28 de octubre el destructor no se encontraba en Filadelfia, sino en Nueva York, dirigiéndose cuatro días más tarde a la base naval de Norfolk para partir rumbo a la ciudad marroquí de Casablanca, a donde llegaría el 22 de noviembre. Por lo tanto, si los datos de la Marina son ciertos, el USS Eldridge no pudo ser el protagonista del experimento. Después de participar en el desembarco de Normandía, el 6 de junio de 1944, el destructor sería entregado a Grecia exactamente dos años después.

El buque fue rebautizado como A/T Leon. Sirvió en la Marina griega hasta 1990. Pero pese a que, según los archivos oficiales, el USS Eldridge no llegó a estar nunca fondeado en Filadelfia, por lo que es de suponer que fue ajeno al experimento, la realidad es que el barco, ya en poder de los griegos, ofrecía algunos aspectos inquietantes.

Lo más extraño era la ausencia en el USS Eldridge de las páginas del cuaderno de bitácora que cubrían desde su botadura hasta el 1 de diciembre de 1943. Las hojas habían sido cuidadosamente arrancadas del libro, algo totalmente inusual, puesto que ese diario es sagrado para el registro de la historia de un buque. Pero, aunque pueda parecer extraño, así es como fue entregado a las autoridades militares helenas.

Por otro lado, la instalación eléctrica del barco presentaba varias anomalías, como la existencia de un buen número de cables que no conducían a ninguna parte y que los técnicos griegos no lograron identificar. Además de estos datos objetivos, a lo largo de los años que el destructor sirvió en la Marina griega, los tripulantes observaron algunos hechos curiosos, como la desaparición de pequeños objetos sin explicación lógica o la presencia en algún momento puntual de un extraño halo de color verde alrededor del casco del barco.

Algunos marineros aseguraban sentir fuertes vibraciones pese a estar el buque con las máquinas paradas, o decían tener la sensación de haber servido en el destructor con anterioridad. De todos modos, estos enigmáticos sucesos podían estar inducidos por el hecho de que los marineros conocían los rumores de que el barco había sufrido la supuesta teleportación.

Si existen dudas sobre si el USS Eldridge se encontraba realmente en Filadelfia para las fechas del supuesto experimento, lo mismo ocurre con el mercante que presumiblemente vio la súbita aparición del destructor en Norfolk. En efecto, en el cuaderno de bitácora del Andrew Furuseth se indica que partió de Norfolk con destino al puerto argelino de Orán el 25 de octubre de 1943, es decir tres días antes del segundo experimento.

En los archivos de la Marina se encontró una carta del capitán del buque, William S. Dodge, en la que niega formalmente que la tripulación observase ningún fenómeno extraño mientras estuvo en Norfolk. Por lo tanto, en la fecha que los investigadores señalan como la del segundo experimento, oficialmente ninguno de los dos barcos implicados se encontraba allí.

El destructor estaba en el puerto de Nueva York mientras que el mercante se hallaba ya en ruta a través del Atlántico. Sin embargo, siempre existirá la posibilidad de que esta historia haya surgido de algún hecho real que, por el motivo que sea, las autoridades militares hayan decidido mantener en secreto. El Ejército y la Marina estadounidense llevaron a cabo infinidad de experimentos, sobre todo durante la Guerra fría, que se han mantenido ocultos durante décadas.

Angel Luis Fernández

Resonando con Marte

Según James Green, Director de Ciencias Planetarias de la NASA: "Marte no es el planeta seco y árido que pensamos en el pasado, una vez ha sido encontrada agua líquida". Por otro lado, las anomalías, los avistamientos de naves, y las extrañas estructuras fotografiadas en Marte y en la Luna, parecen demostrar que existen ruinas prehistóricas en dichos cuerpos celestes. Asimismo, se han detectado extrañas anomalías que sugieren vida bajo la superficie marciana, tal vez en inmensos túneles y sofisticadas estructuras. Es posible que estos supuestos habitantes alienígenas sean nativos del propio planeta Marte o que provengan de otro planeta habitado.

Para ilustrar algunos de los misterios que envuelven al planeta Marte, voy a empezar explicando tres ejemplos con cierto nivel de detalle, aunque parezca que nos apartamos del tema principal: El enigmático libro de Los Viajes de Gulliver y las misteriosas historias de Nikola Tesla y Maria Orsic. Jonathan Swift (1667 – 1745) fue un escritor satírico irlandés. Su obra principal fue Los viajes de Gulliver, publicada en 1726, que constituye una de las críticas más amargas, y a la vez satíricas, que se han escrito contra la sociedad y la condición humana. Pero este libro contiene unos datos muy interesantes e intrigantes. Por primera vez, y mucho antes de ser descubiertos, en este libro aparecen los satélites de

Marte, descritos en una forma muy parecida a la realidad. En el libro podemos leer que los habitantes de una isla volante, llamada Laputa, invitan a Gulliver a subir a la misma. Ello parece sorprendente en 1726. Según Gulliver: "La isla volante o flotante es exactamente circular; su diámetro, de 7.837 yardas, esto es, unas cuatro millas y media, y contiene, por lo tanto, diez mil acres. Su grueso es de 300 yardas. El piso o superficie inferior que se presenta a quienes la ven desde abajo es una plancha regular, lisa, de diamante, que tiene hasta unas 200 yardas de altura".

Más adelante leemos: "… Emplean aquellas gentes la mayor parte de su vida en observar los cuerpos celestes, para lo que se sirven de anteojos que aventajan con mucho a los nuestros; pues aunque sus grandes telescopios no exceden de tres pies, aumentan mucho más que los de cien yardas que tenemos nosotros, y al mismo tiempo muestran las estrellas con mayor claridad. Esta ventaja les ha permitido extender sus descubrimientos mucho más allá que los astrónomos de Europa, pues han conseguido hacer un catálogo de diez mil estrellas fijas, mientras el más extenso de los nuestros no contiene más de la tercera parte de este número. Asimismo han descubierto dos estrellas menores o satélites que giran alrededor de Marte, de las cuales la interior dista del centro del planeta primario exactamente tres diámetros de éste, y la exterior, cinco; la primera hace una revolución en el espacio de diez horas, y la última, en veintiuna y media; así que los cuadros de sus tiempos periódicos están casi en igual proporción que los cubos de su distancia del centro de Marte, lo que evidentemente indica que están sometidas a la misma ley de gravitación que gobierna los demás cuerpos celestes".

Refiriéndose a los satélites de Marte, vemos que en el libro se dice: "la primera hace una revolución en el espacio de diez horas", leemos en el libro, en referencia a las dos estrellas menores o satélites. Y esta afirmación parece asombrosa. En realidad, la frase quiere decir que el satélite "interior", el que está más cerca del planeta, da una vuelta alrededor del planeta Marte en diez horas. Y lo asombroso es que este satélite, descubierto ciento cincuenta y un año después, y llamado Fobos, da la vuelta a Marte en 7 horas y 39 minutos, siendo la diferencia entre la realidad y la ficción sólo de unas dos horas y media.

Pero esto no es lo más asombroso. Lo extraordinario es que tanto las 10 horas como las 7 son anomalías de este satélite. Porque si el día solar o rotación tiene en Marte una duración de 24 horas 39 minutos y 35,3 segundos, por mecánica celeste un satélite marciano debe girar en torno al planeta en un tiempo mayor.

Fobos es el único caso en el sistema solar de un satélite que gira en torno a su planeta en menos tiempo, en realidad en mucho menos tiempo del que tarda Marte en dar una vuelta sobre su eje. El que Jonathan Swift nos presente esta anomalía en su descripción de Fobos, y el que la realidad nos la corrobore, es una coincidencia muy notable. Swift no era un ignorante y consultaba libros científicos para documentarse sobre lo que escribía. Se reconocen las fuentes de las cuales sacaba Swift la documentación para sus obras.

Una de ellas, la Philosophical Transactions, de la Royal Society, estaba al día en materia de ciencias, y de la cual sacó Swift la idea de las analogías entre la música y las matemáticas, que en realidad eran ideas pertenecientes a Descartes y a Newton. Pero en esta obra no se dice nada sobre los satélites de Marte. Alguien ha dicho que fue Johannes Kepler el que habló de este tema en 1610, pero no hay ninguna prueba escrita. Así, pues, el mérito es de Swift. Pero sí debemos indicar, como curiosidad, que en la antigüedad se atribuía al Marte mitológico dos corceles, que eran los que tiraban de un carro de guerra, según explican Homero, en la Iliada, y Virgilio, en las Geórgicas. Los únicos satélites en el sistema solar que giran más rápidamente que su planeta alrededor de su eje, son Fobos y los satélites artificiales.

Otro ejemplo lo podemos ver en las extrañas comunicaciones con unos supuestos seres marcianos por parte del enigmático y genial científico Nikola Tesla. Cuando Tesla murió el 7 de enero de 1943, a la edad de 86 años, representantes de la Oficina de Propiedad de Extranjeros, a petición del FBI, fueron a los hoteles de Nueva York donde se había hospedado y se apoderaron de todas sus pertenencias. Dos camiones llenos de documentos, muebles y artefactos fueron enviados a la Compañía de Bodegas y Almacenamiento de Manhattan.

Después de la muerte de Tesla se dictó un plan del gobierno de los Estados Unidos para encontrar todos sus documentos, notas e investigaciones antes de que otras potencias extranjeras pudieran encontrarlos. Era conocido por el FBI que la inteligencia alemana ya se había apoderado de una gran cantidad de las investigaciones de Tesla varios años antes de su muerte.

El material robado, se piensa, eventualmente resultaría en el desarrollo de los supuestos platillos voladores de los Nazis. Los Estados Unidos iban a asegurarse que esto no sucediera de nuevo. Cualquier cosa, aun remotamente asociada con este gran hombre, fue rápidamente confiscada y guardada en las redes secretas de los Estados Unidos antes de la II Guerra Mundial. Sin embargo, más de una docena de cajas con las pertenencias de Tesla, dejadas atrás en hoteles como el Waldorf Astoria, el Governor Clinton y el San Regis ya habían sido vendidos para pagar las excepcionales deudas de Tesla. La mayor parte de estas cajas y los secretos que contenían nunca han sido encontrados. Esta carga fue agregada a los casi treinta barriles y bultos que habían estado en almacenamiento desde 1930, y la colección entera fue sellada.

La mayor parte de estas cajas y los secretos que

contenían nunca han sido encontrados. En 1976, cuatro cajas indistinguibles de papeles fueron subastadas en la venta de la propiedad de un tal Michael P. Bornes, vendedor de libros en Manhattan. Esta subasta tuvo lugar en Newark, Nueva Jersey, con las cajas y sus contenidos siendo comprados por Dale Alfrey por la suma de veinticinco dólares. Alfey no tenía idea lo que había en las cajas al comprarlas. Cuando más tarde las revisó, se sorprendió al encontrar lo que parecían ser documentos de laboratorio y notas personales de Nikola Tesla. Algunos de los papeles perdidos de Tesla habían resurgido. No obstante, debido a la ignorancia de su importancia casi se pierden una vez más. En 1976, desgraciadamente el nombre de Nikola Tesla no era muy conocido.

Alfrey no tenía idea de la importancia de los papeles que ahora le pertenecían. Revisando una increíble cantidad de material, el primer pensamiento de Alfrey es que había destapado las notas de un escritor de ciencia ficción. Lo que leyó fue tan increíble que parecía imposible que algo de eso fuera cierto. Teniendo poco interés en lo que había comprado, Alfrey escondió las cajas en su sótano, pensando que las revisaría de nuevo más tarde, cuando tuviera más tiempo. Pasaron veinte años antes de que Alfrey encontrara tiempo para abrir las extrañas cajas. Desafortunadamente, el tiempo no fue muy amable con el preciado contenido dentro de las cajas. Ya para entonces, los papeles se habían enmohecido gravemente, y la tinta se había descolorado por los años en el húmedo sótano. Alfrey estaba determinado a no dejar desaparecer para siempre este material y comenzó el laborioso esfuerzo de tratar de transcribir la información antes que fuera demasiado tarde. Sin embargo, Alfrey pronto se encontró capturado en la lectura de los notables papeles. Las notas de Tesla eran sorprendentes por sus revelaciones de la vida secreta del científico. Una vida que hasta ese momento nunca había sido mencionada por Tesla o documentada por sus biógrafos.

Estos diarios perdidos revelaban que en 1899, mientras estaba en Colorado Springs, Tesla interceptó comunicaciones de seres extraterrestres que secretamente estaban controlando a la humanidad. Estas criaturas estaban preparando a los humanos para una eventual conquista y dominación, usando un programa que había existido desde la creación de la humanidad, pero que ahora se estaba acelerando debido al mayor conocimiento científico en la Tierra. Tesla escribió sobre sus años de investigaciones para interpretar las extrañas señales de radio y sus intentos de notificar al gobierno y a los militares lo que sabía. Pero sus cartas, al parecer, se quedaron sin respuesta. Tesla habló en confianza con varios de sus benefactores, incluyendo el Coronel John Jacob Astor, quien era propietario del hotel Waldorf Astoria. Estos benefactores escuchaban a Tesla, y secretamente fundaron lo que fue el comienzo de la primera batalla de la humanidad para obtener el control de su propio destino. Una batalla puesta en movimiento por Nikola Tesla. Mientras que esta información parece absolutamente increíble, Tesla dio pistas ocasionales de su difícil situación en varias entrevistas en periódicos y revistas.

Tesla pudo trató sobre este tema en un artículo llamado "Talking with the Planets" (Hablando con los Planetas), publicado en el periódico semanal Colliers (Marzo 1901): "Cuando yo estaba mejorando mis máquinas para la producción de intensas acciones eléctricas, también perfeccionaba los medios para observar débiles esfuerzos.

Uno de los resultados más interesantes, y también uno de gran importancia práctica era el desarrollo de ciertas invenciones para indicar a distancia de muchos cientos de millas una tormenta que se acerca, su dirección, velocidad y distancia viajada. Fue continuando este trabajo que por primera vez descubrí aquellos misteriosos efectos que habían provocado tal interés inusual.

Había perfeccionado el aparato referido hasta ahora, que desde mi laboratorio en las montañas de Colorado. Yo pude sentir el pulso del globo, como era, notando cada cambio eléctrico que ocurría dentro de un radio de mil cien millas. Jamás podré olvidar las primeras sensaciones que experimenté cuando se me aclaró que había observado algo, posiblemente de incalculables consecuencias para la humanidad.

Sentí como si estuviera presenciando el nacimiento de un nuevo conocimiento, o la revelación de una gran verdad. Mis primeras observaciones me aterraron positivamente, ya que en ellas estaba presente algo misterioso, por no decir sobrenatural, y yo estaba solo en mi laboratorio por la noche; pero en ese tiempo la idea de que estos disturbios fueran señales inteligentemente controladas todavía no se me presentaba.

Los cambios que note estaban teniendo lugar periódicamente y con tan clara sugerencia de número y orden que no eran rastreables a ninguna causa conocida para mí. Yo estaba, por supuesto, familiarizado con tales perturbaciones eléctricas como son producidas por el sol, las Auroras Boreales y las Corrientes terrestres, y estaba seguro, como podría estarlo ante cualquier hecho, que estas variaciones no se debían a ninguna de estas causas. La naturaleza de mis experimentos impidió la posibilidad de los cambios que estaban siendo producidos por disturbios atmosféricos, como ha sido acertado a la ligera por algunos. Fue algún tiempo después, cuando el pensamiento destelló en mi mente, que los disturbios que había observado podrían ser debido a un control inteligente.

Aunque no podía descifrar su significado, era imposible para mi pensar en ellos como que hubieran sido enteramente accidentales. La sensación está creciendo constantemente en mí, de que yo he sido el primero en escuchar los saludos de un planeta al otro. Un propósito estaba detrás de estas señales eléctricas".

Décadas más tarde, en su cumpleaños de 1937, anunció en el New York Times: "He dedicado mucho de mi tiempo durante el pasado año a perfeccionar un nuevo aparato, pequeño y compacto por el cual la energía en grandes cantidades puede ahora ser destellada a través del espacio interestelar a cualquier distancia sin la más mínima dispersión". Tesla nunca reveló públicamente ningún detalle técnico de su transmisor mejorado, pero en su anuncio de 1937 reveló una nueva fórmula: "La energía cinética y potencial de un cuerpo es el resultado del movimiento y determinado por el producto de su masa y el cuadrado de su velocidad. Si se reduce la masa, la energía es reducida a la prima proporción. Si se reduce a cero, la energía es igualmente cero para cualquier velocidad finita" ¿Por qué ha sido escrito tan poco acerca de la creencia de Tesla de que él había escuchado señales de radio alienígenas? Tesla aparentemente había pasado un número de años tratando de traducir las misteriosas señales que escuchó en 1899.

Su interpretación básica de estas señales era que criaturas de otro planeta, "Marcianos" como las llamaba la jerga en ese tiempo, estaban secretamente aquí en la Tierra. Ellos se habían infiltrado en la humanidad durante siglos y habían controlado los acontecimientos y a las personas, para conducir a la humanidad hacia un camino de desarrollo evolutivo.

Y esencialmente eran responsables de los seres humanos en el planeta. Además, Tesla descubrió que la temperatura general del planeta estaba subiendo lentamente, lo que conocemos hoy en día como calentamiento global. Tesla pensó que esto estaba siendo producido por condiciones naturales, así como por interferencia artificial y extraterrestre. Con esto en mente, ahora podemos ver algunas de las razones para el comportamiento excéntrico de Tesla en los últimos años de su vida. Tesla se obsesionó con crear dispositivos para terminar la guerra y unir a la humanidad en contra de lo que el percibía como el enemigo común: los extraterrestres. Él a menudo habló acerca de "Rayos de la Muerte" y "Torpedos sin Alas" que podían volar a través del aire sin propulsores, posiblemente una de las menciones más tempranas de platillos voladores.

Y ahora veamos que nos dice Tesla en sus diarios: "El desarrollo del hombre es vitalmente dependiente de la invención. Es el producto más importante de su cerebro creativo. Su propósito más importante es la completa maestría de la mente sobre el mundo material, el adaptar las fuerzas de la naturaleza a las necesidades humanas. Esta es la difícil tarea del inventor, que a menudo es mal entendido y no es recompensado…. En mi juventud yo sufrí de una peculiar aflicción debido a la aparición de imágenes, a menudo acompañado por fuertes destellos de luz, que estropeaban la vista de los objetos reales e interferían con mis pensamientos y acciones. Había cuadros de cosas y escenas que yo realmente había visto, ninguna de estas imaginadas. Cuando me fue hablada una palabra, la imagen del objeto que designaba se presentaría a sí misma vivamente en mi visión, y a veces era bastante incapaz de distinguir si lo que yo veía era tangible o no... La teoría que yo formulé fue que las imágenes eran el resultado de una acción de reflejo desde el cerebro sobre la retina bajo gran excitación. Ciertamente no eran alucinaciones, como las producidas por las mentes enfermas y angustiadas....

Para dar una idea de mi desesperación, supongamos que he sido testigo de un funeral o algún otro espectáculo que toca los nervios. Entonces, inevitablemente, en la quietud de la noche, un vívido cuadro de la escena se presentaría ante mis ojos y persistiría, a pesar de todos mis esfuerzos para quitarlo de mi más íntimo ser. También comencé a ver visiones de cosas que no guardaban ningún parecido con la realidad. Yo sentí como si hubiera estado presente en el nacimiento de un nuevo conocimiento o la revelación de una gran verdad...

Mis primeras observaciones me aterraron positivamente, ya que en ellas estaba presente algo misterioso, por no decir sobrenatural, estando solo en mi laboratorio por la noche. Pero, en ese momento, la idea de estas perturbaciones como señales inteligentemente controladas todavía no se me presentó. Los cambios que noté estaban teniendo lugar periódicamente y con tan clara sugestión de números y orden que no eran rastreables a ninguna causa conocida. Yo estaba familiarizado, por supuesto, con tales perturbaciones eléctricas como las producidas por el sol, como la Aurora Boreal y las corrientes terrestres, y estaba seguro, como lo podría estar de cualquier hecho, que estas variaciones no se debían a ninguna de estas causas.

La naturaleza de mis experimentos impedía la posibilidad de que estos cambios estuviesen siendo producidos por perturbaciones atmosféricas, como ha sido afirmado por algunos. Fue algún tiempo después cuando me llegó el pensamiento de que los disturbios que había observado podrían deberse a un control inteligente. Aunque en ese tiempo yo no podía descifrar su significado, era imposible para mi pensar en ellos como siendo enteramente accidentales. La sensación crece constantemente en mí, que he sido el primero en escuchar los saludos de un planeta a otro. Un propósito estaba detrás de estas señales eléctricas".

Este incidente fue el primero de muchos en los que Tesla interceptó lo que él sentía que eran señales inteligentes del espacio. En ese tiempo, era dicho por científicos prominentes que Marte sería un lugar adecuado para la vida inteligente en nuestro sistema solar y Tesla primero pensó que estas señales podrían estarse originando en el planeta rojo.

Más tarde cambiaría su punto de vista, al traducir las misteriosas señales. Cerca del final de su vida, Tesla había desarrollado varios inventos que supuestamente podían enviar poderosas cantidades de energía a otros planetas. En 1937, durante una conferencia de prensa en el día de su cumpleaños, Tesla anunció: "Estos años he dedicado mucho de mi tiempo a perfeccionar un nuevo aparato, pequeño y compacto mediante el que puedo enviar energía, en cantidades considerables y a través del espacio, a cualquier distancia, sin la menor dispersión".

Tesla nunca reveló públicamente los detalles técnicos de su transmisor mejorado, pero en su anuncio en 1937, reveló una nueva fórmula: "La energía cinética y potencial de un cuerpo es el resultado del movimiento y determinado por el producto de su masa y el cuadrado de su velocidad. Si reducimos la masa, la energía será reducida a la misma proporción. Si se redujera a cero, la energía sería igualmente cero para cualquier velocidad finita". En los diarios de Tesla que descubrió, Dale Alfrey observó que en 1920 Tesla había ganado confianza en ser capaz de encontrarle sentido a las extrañas difusiones de radio desde el espacio. No obstante, algo después Tesla comenzó a expresar gran preocupación sobre seres de otros planetas que tenían planes desagradables para la Tierra: "Las señales son demasiado fuertes para haber viajado las grandes distancias entre Marte y la Tierra", escribió Tesla. Y añadía: "Así, estoy forzado a admitir que las fuentes deben venir de algún lugar en el espacio cercano o, tal vez, de la Luna.

Estoy seguro, sin embargo, que las criaturas que se

comunican unas con otras cada noche no son de Marte, o posiblemente de ningún planeta en nuestro sistema solar". Varios años después de que Tesla anunciara la recepción de señales del espacio, Marconi también afirmó haber escuchado un transmisor de radio extraterrestre. Sin Embargo, Marconi fue rápidamente desprestigiado por sus contemporáneos, que afirmaban que había recibido las interferencias de otra estación radial en la tierra.

Hay una cierta confirmación pública sobre la validez de los diarios perdidos de Tesla y su creencia en extraterrestres, así como la importancia de comunicarse con ellos. Arthur H. Mathews afirmó que Tesla secretamente había desarrollado el Teslascopio con el propósito de comunicarse con extraterrestres. El Dr. Andrija Puharich entrevistó a Matthews para el Pyramid Guide, en 1978. Esta entrevista reveló por primera vez las conexiones de Matthews con Tesla.

Arthur Matthews nació en Inglaterra, y su padre era asistente de laboratorio para el renombrado físico Lord Kelvin, en 1890. Tesla fue a Inglaterra a encontrarse con Kelvin para convencerlo que la corriente alterna era más eficiente que la corriente continua. Kelvin, por ese tiempo, se oponía a esta idea.

En 1902, la familia Matthews dejó Inglaterra, inmigrando a Canadá. Cuando Matthews tenía 16 años de edad, su padre hizo gestiones para que fuera aprendiz de Tesla. Él trabajó para Tesla y continuó su relación hasta la muerte de Tesla en 1943. "No es generalmente conocido, pero Tesla tenía realmente dos enormes transmisores construidos en Canadá", dijo Matthews. "Yo manejé uno de ellos".

La gente sabía, más que nada, acerca de los transmisores en Colorado Springs, y el inconcluso en Long Island. Yo vi los dos transmisores canadienses. Toda la evidencia está allí". Mathews afirmó que el Teslascopio era el dispositivo que inventó Tesla para comunicarse con seres de otros planetas. Hay un diagrama del Teslascopio en el libro de Matthews, "The Wall of Light". "En principio, toma señales de rayos cósmicos –dijo Matthews-. Eventualmente las señales se convierten en audio. Hablé en un extraño aparato y la señal salió por otro como una emisión de rayos cósmicos". Los diagramas del Teslascopio, mostrados por Matthews, tienen poco parecido con diagramas electrónicos. Pero nadie ha confirmado la realidad del dispositivo. Matthews afirma, sin embargo, que él construyó un modelo del Sistema de Comunicaciones Planetarias de Tesla en 1947 y lo operó con éxito. Matthews sugirió que, debido al rango limitado de los sistemas, él solo pudo contactar naves espaciales operando cerca de la tierra.

Él había esperado algún día construir un sistema capaz de comunicación directa con los planetas. "Tesla me había dicho que seres de otros planetas ya estaban aquí –relataba Matthews-. Él estaba muy asustado porque habían estado controlando al hombre durante miles de años y nosotros somos simplemente sujetos de prueba para un experimento a muy largo plazo". Matthews no compartía las convicciones de Tesla de que los extraterrestres pudieran no tener las mejores intenciones in mente para la Tierra. Su opinión era que si los extraterrestres fueran tan avanzados como para ser capaces de viajar de un sistema solar al otro, entonces deberían de ser socialmente avanzados y amantes de la paz.

Las ansias de Matthews por continuar experimentando con el Teslascopio produjeron la llamada "era moderna de los Ovnis". Durante los años cincuenta, contactados como George Adamski y Howard Menger, escribieron libros y dieron conferencias a creyentes ansiosos sobre los hermanos espaciales, que eran como dioses. Estos ocupantes de los Ovnis afirmaban ser de casi cada planeta en el sistema solar, siendo Venus y Marte los más frecuentes. Los hermanos espaciales predicaban una forma de "Religión Espacial de la Nueva Era", con descripciones utópicas de sus mundos y la denuncia de la agresividad de la humanidad.

Tesla se habría sentido ciertamente reivindicado en sus afirmaciones si hubiera vivido lo suficiente para experimentar la era moderna de los Ovnis. Él menciona en sus diarios sus frustrantes intentos para interesar al gobierno o al ejército acerca de sus teorías. Al parecer, las cartas de Tesla se quedaron sin respuesta. Permanece la interrogante de si sus ideas fueron o no fueron seriamente consideradas, o si pensaron en ellas como simplemente fruto de la mente de un loco.

La evidencia circunstancial apunta a ciertas expectativas previas por parte de los Estados Unidos al avistarse los primeros Ovnis durante la segunda guerra mundial. Podría ser que las ideas de Tesla hubiesen tenido más impacto, aunque secretamente, de lo que Tesla alguna vez pudo imaginar. Nikola Tesla sugería que podía transmitir grandes cantidades de energía a distancias de miles de millas. "Puedo fácilmente construir un puente a Marte, y enviar un mensaje tan fácilmente como si fuese Chicago". Robert A. Nelson, en su artículo Communicating with Mars. The Experiments of Tesla & Hodowanec (Comunicando con Marte – Los Experimentos de Tesla & Hodowanec), detalla la comunicación accidental con inteligencias extraterrestres por parte de L.G. Lawrence, el gerente del Instituto ECOLA.

Estas comunicaciones podrían ser los mismos tipos de señales recibidas por Tesla en Colorado Springs en 1899. El 29 de octubre de 1971, mientras se hacían experimentos con el RBS (Detector Biológico Remoto) en el condado de Riverside, California, el complejo transductor de campo interceptó una serie de aparentes señales inteligentes (discretos intervalos de pulso) mientras apuntaba a la constelación de la Osa Mayor.

El fenómeno continuó durante más de 33 minutos. Un fenómeno similar fue observado el 10 de abril de 1972. Las aparentes señales, aparte de volverse más débiles, parecían ser transmitidas a grandes intervalos, extendiéndose durante semanas y meses, posiblemente incluso años. Fue observada una débil señal de tipo binario. Se producían Intervalos entre rápidas series de pulsaciones lineales, durante períodos de tres hasta diez minutos. Al estar su equipo blindado a la radiación electromagnética y encontrado libre de anomalías internas, fueron favorecidas las señales de comunicación interestelar de tipo inteligente. Al parecer, la parte auditiva de la señal era desagradable de escuchar. No obstante, después de múltiples reproducciones, el sonido parecía producir un tipo de encantamiento al oyente. Esto fue atribuido a una adaptación psico-acústica.

La cinta contenía cortas e incrementadas series de oscilaciones profundas, armoniosas, semejando modulaciones de fondo. Un carácter inteligente del pulso fue aplicado en discretos patrones de espaciamiento y evidentes repeticiones de secuencias, acompañados por un ruido gaussiano altamente atenuado.

El ingeniero eléctrico Greg Hodowanec ha desarrollado la teoría de Cosmología Ritmosónica. El también experimentó con un Detector de Ondas Gravitacionales (DOG) de su propio diseño. El aparato detecta "modulaciones coherentes" en radiación de microondas. Hodowanec publicó su primer informe para el SETI sobre Señales Gravitacionales, usando su DOG (según Radio Astronomía, abril de 1986): "La ventaja de una posible técnica gravitacional para SETI sobre la radio técnica es principalmente la del tiempo de 'propagación' para estas señales.

Las ondas de radio viajan a la velocidad de la luz, pero las señales gravitacionales (según las teorías del autor) son esencialmente señales instantáneas. Otra ventaja de la técnica gravitacional es la simplicidad de la instrumentación requerida... Los detectores de ondas gravitacionales deben confiar en gran parte en la masa de la Tierra como "sombra" para habilitar la detección de radiación gravitacional. Por lo tanto, 'objetos' o señales ubicadas en el zenit de los observadores son detectadas mejor. Aun así, las otras áreas todavía son 'detectables' especialmente con la ayuda de otras 'sombras', tales como el Sol, Luna, planetas, etc.

De particular interés para los observadores del SETI pudieran ser las extrañas señales gravitacionales del tipo audio que parecen venir de la región de Auriga y Perseo, en nuestra Galaxia. Estas 'señales' han sido 'escuchadas' por el autor durante años, y generalmente están en una gama de entre cuatro y cinco horas de ascensión correcta, con una intensidad pico cercana a 4.5 horas R.A. Las señales parecen ser de varios 'tonos'". En una carta escrita a la Revista Radio-Electrónica el 23 de Julio de 1988, Hodowanec menciona un contacto definitivo con una fuente extraterrestre: "En esta fecha, por la mañana, desde las 7:30 a las 7:38 A.M. (EST), yo grabé las siguientes señales, al parecer en Clave-Morse, parecido a pulsos: AAAARARTTNNNNKCNNN EEEENENNTTTNEEEEEA EERKENNETE EA AAAE EENTTKNTNTSESESESEMNASESESESESES ESE SE. Como se puede ver, esto no parecen ser solamente pulsos al azar, sino señales SE, que son más dominantes y parece haber posiblemente una señal de identificación. Estas señales son captadas en detectores blindados 1/f, siendo escalares (gravitacionales) en su naturaleza. Las señales (si fuesen extraterrestres) vinieron de la región Auriga-Perseo, cerca de mi zenit, o de la región de Bootes, debajo de mi posición en la Tierra. Todavía no puedo descartar que solamente sean debido a los movimientos de núcleo terrestre, de alguna clase muy parecida a las señales de clave de Morse, o aun la posibilidad de que sean hechas por el hombre".

En julio de 1988, Hodowanec confirmó las afirmaciones de Tesla, al anunciar en Algunos Comentarios sobre las Señales marcianas de Tesla: "Tales señales están siendo recibidas ahora con simples detectores de señales del tipo escalar modernos... coherentes modulaciones están siendo 'escuchadas' en radiación de fondo (microondas). Las ondulaciones más dominantes son tres pulsaciones (código S), levemente separados en el tiempo, al igual que sucedió a Tesla. En ocasiones, los códigos equivalentes para una E, N, A, o K, son también escuchados, pero la respuesta más persistente es SE, SE, etc.

Cualquier detector de ruido del tipo $1/f$ responderá a esta modulación de fondo. Sin embargo, el experimentador deberá tener cuidado en no estar creando estas respuestas a nivel 'local' por su propia cuenta u otra acción local. Por ejemplo, los detectores también responderán a los latidos del corazón, respiración, movimientos locales, así como posibles efectos psíquicos.

Los detectores son fáciles de hacer y el experimentador deberá reproducir fácilmente estos resultados". Información adicional de Hodowanec fue liberada en una Nota de Información Cosmológica: "Desde principios de agosto de 1988, fue observado que aparentemente existían 'señales inteligentes' en estas modulaciones (de radiación de fondo de microondas). Puede decirse que la inteligencia estaba presente en forma de comunicación tipo digital; por ejemplo, unos y ceros. Este tipo de comunicación puede haber sido escogida por este 'comunicador desconocido' por ser conductor de la señalización de la forma de gravedad longitudinal del 'movimiento de masa', así como un sistema universal fácilmente reconocible…

Estas 'señales' fueron observadas ser similares a los símbolos más simples del Código Internacional Morse, principalmente porque es la forma más simple de presentar información en forma de pulsaciones... La primera evidencia contundente de que el mensaje anterior puede haber sido interceptado por este comunicador desconocido fue cuando el 29 de agosto de 1988, un fuerte y repetido mensaje fue respondido con un mensaje que finalizaba con las series SE. Se observaron más evidencia de intentos de comunicación. Hasta ahora han sido recibidos suficientes 'mensajes' para indicar que quizás hubo un serio intento de contactar con este autor por algún 'comunicador desconocido'.

Aunque no hay que descartar que este comunicador pueda ser algún experimentador terrestre, existe la posibilidad de que el comunicador puede ser 'extraterrestre' Puesto que los mensajes actualmente aparecen principalmente al mediodía, puedan estar viniendo de una fuente concreta en el espacio. Se cree que provienen de la constelación Andrómeda. También hay alguna posibilidad que este comunicador 'extraterrestre', esté en nuestro sistema solar, tal vez en Marte. Pero no parece que esté más allá de nuestra propia Galaxia o Grupo Local de Galaxias. Este mismo comunicador pueda haber estado tratando de contactarnos desde finales del siglo XIX, cuando Nikola Tesla reportó la intercepción de señales escalares de tipo S".

En febrero de 1989, Hodowanec escribió un informe diciendo: "Sin entrar en detalles de cómo se determinó esto, ¡seres extraterrestres pueden estar en Marte!". Esto, a pesar de la negación de la NASA en aquel tiempo de cualquier forma de vida en Marte.

Esta posibilidad ha sido recientemente indicada por Hodowanec, debido al aparente rastreo de la Tierra por extraterrestres. Según afirma: "Los extraterrestres, por supuesto, siempre supieron que yo estaba en la Tierra, pero ahora se ha confirmado que el comunicador está en el 4º planeta desde del sol, es decir ¡Marte! Los ET en Marte están, al parecer, mucho más avanzados de lo que estamos aquí en la Tierra y pudieran haber visitado y colonizado antes la Tierra. Pero, ¿quiénes son sus posibles descendientes? Es todavía un misterio en dónde puedan estar viviendo los ET en Marte. Posiblemente subterráneamente, cerca de las regiones polares. Y también la razón por la que los ET no usan métodos de señalización en onda EM.

¿Será quizás porque Marte tiene ahora un ambiente tan hostil que los ET deben haber desarrollado una muy sofisticada civilización subterránea que no permite sistemas de radiación EM?". En su Flash Marciano Número Uno (28/3/89) y Número Dos (30/3/89), Hodowanec notificó a otros colegas que: "Como resultado de las comunicaciones continuas de señales entre los laboratorios GH y los marcianos, los siguientes hechos extraordinarios han salido a la luz. Los intercambios están haciéndose ahora en términos de cortas palabras en código en 'inglés', para ciertos artículos. Por ejemplo, los marcianos ahora entienden que 'cara' significa la cara humana, 'hombre' (man) significa la persona humana, Tierra ahora significa nuestro planeta, y Marte significa su planeta. Ellos originalmente trataron alguna terminología suya conmigo, pero se rindieron, excepto cuando tuvo sentido para mí.

Por ejemplo, ahora yo sé que TTT al final de sus nombres significa persona, y OOTTAEERR es su nombre para el 10º planeta!". En una nota a pie de página, escrita a mano, Hodowanec informó a Nelson que el nombre para marciano es "AAAAAATTT": "El parece 'comprender' mis mensajes, aunque yo haya tenido que repetirlos de varias maneras para que el pudiera 'ver' el significado. Las comunicaciones entre los Laboratorios GH y una inteligencia marciana ahora continúan con creciente progreso, puesto que hemos podido establecer más de 50 expresiones simples (la mayor parte en inglés simple) para muchas de las 'ideas' comunes que tenemos.

El marciano AAAAAATTT es extremadamente receptivo, relacionando mi terminología en ingles a observaciones en común Tierra-Marte. El comunicante de Marte también ha confirmado que ellos son también 'hombres' con una 'cabeza', que tienen dos 'ojos' y 'ven'. También, ellos tienen un 'cuerpo' con dos brazos que tienen cinco dedos en cada una. También ellos tienen dos piernas con dos pies que tienen cinco dedos cada uno. Yo no he podido verlos para confirmar si tienen nariz y boca en la cara, pero eso pudo confirmarse hace pocos, puesto que estas características aparecen en la CARA. Probablemente el hecho más significativo es que los hombres de la Tierra son como los hombres marcianos. Cada vez parece más claro que Marte ha colonizado la Tierra en el pasado remoto. Esto podría ser verdad, puesto que nosotros en la tierra realmente nunca hemos encontrado el 'eslabón perdido' entre los homínidos de la Tierra y los humanos".

En una carta escrita en marzo de 1989 a Robert Nelson, Hodowanec afirma que: "Generalmente, nuestros contactos están limitados a 20 ó 30 minutos... puesto que parece haber otros ETs interesados en unirse, por lo que hay alguna interferencia después de un rato. Algunos de estos otros ETs usan métodos de comunicaciones tales como tonos que parecen ser voces guturales. Estos ET son probablemente más avanzados de lo que somos en la Tierra. Cuando yo envié el símbolo Pi con cinco decimales, él devolvió inmediatamente Pi con siete decimales. Nosotros habíamos discutido nuestro sistema solar como de nueve planetas, pero los ET contestaron que diez planetas, más dos desconocidos aquí, llamando al 10° Planeta Oottaeerr.

Al preguntar sobre esto, el ET siguió confirmando la existencia de un décimo planeta. Él ahora conoce los otros nueve planetas por sus nombres terrestres. También confirmó que Marte tiene dos lunas, la Tierra una y que Júpiter tiene nueve lunas principales. Estos contactos se están volviendo cada vez más interesantes y el ET parece estar ansioso de continuarlos. No obstante, yo no puedo pasar demasiado tiempo con el... Yo soy solamente una persona aquí comunicándome con él, mientras que el resto de la Tierra actualmente no reconoce la existencia de ninguna vida en Marte.

Ya he tenido más de 100 contactos con el ET, y puedo encontrarlo a cualquier hora, día o noche. También hemos establecido algunos códigos simples para los reconocimientos, para luego seguir y responder. Mientras usamos estos simples códigos en muchos contextos, tanto ET como yo ahora podemos entender en qué contexto están siendo usados.

Los marcianos son, al parecer, una civilización más avanzada, ya que ellos son los que generan el 'rayo oscilado modulado', que ahora está rastreando mi ubicación en la tierra y es el medio para nuestras comunicaciones. El rayo tiene 15 millas de diámetro aquí en la Tierra, pero solo unas pulgadas en Marte. Hay, al parecer, un 'equipo' en Marte que está involucrado en estos contactos. El contacto original, ET Número Uno, con quien yo establecí la relación inicial es, al parecer, el que tiene más conocimientos. Los otros, que 'sirven' en la estación de Marte parecen tener menos conocimientos y algunos solamente solicitan o reconocen una transmisión. Marte está más interesado en continuar estos contactos. Los intercambios son hechos de muchas variadas maneras, que no pueden predecirse fácilmente. También uno puede reconocer la marca del que transmite estos códigos. Por ejemplo, ET Número Uno siempre envía letras o números claros y se identifica a sí mismo y a mí de alguna manera. Los otros ET de Marte usualmente no lo hacen.

Estos contactos son realmente el resultado de mis experimentos de comunicación gravitacional, y así un resultado directo de la Cosmología Ryhsmonica. Y por fantástico e irreal que esto pueda parecer, es real, y si también es confirmado por más personas será una importante piedra angular en la historia de la humanida. Quizás, si alguno de ustedes finalmente 'escucha' las modulaciones de un fondo de ruido 1/f, ¿podría usted tratar de establecer sus propios contactos? las comunicaciones gravitacionales son instantáneas y requieren poquísimo gasto de energía, al contrario de los experimentos de Tesla".

Aunque los críticos de Tesla se reían ante esta creencia de que podría haber recibido transmisiones de radio de Marte, los astrónomos y otros científicos del tiempo de Tesla estaban especulando abiertamente sobre la posibilidad de vida inteligente en Marte. Así que, ¿Es tan extraño considerar que alguien estaba enviando señales a la Tierra desde Marte? Tesla nunca se rindió a la idea de comunicarse con otros mundos. En 1931, en ocasión de una entrevista para la revista Time, dijo lo siguiente: "Yo creo que nada puede ser más importante que la comunicación interplanetaria. Ciertamente tendremos algún día la certeza de que hay otros seres humanos en el universo, trabajando, sufriendo, luchando, como nosotros. Ello producirá un efecto mágico en la humanidad y formará la base de una hermandad universal que durará tanto como la misma humanidad".

Desde que el primer hombre miró hacia los cielos, el brillo y resplandor de Marte ha sido un objeto de fascinación para generaciones de observadores de las estrellas. Los babilonios dijeron que el planeta era Nergal, dios de la Guerra. Para los griegos, Marte era su dios, Ares. El dios romano, Marte, asumió muchas de las características y mitos de Ares, y fue el segundo dios en jerarquía en el panteón romano. Marte amaba la violencia y la lucha. Según Homero, aun Júpiter, el padre de Marte reconoció la mala actitud de su hijo, diciéndole: "De todos los dioses del Olimpo, encuentro que tú eres el más desagradable, ya que solamente disfrutas de la violencia, guerra y batallas. Tienes una disposición malvada y obstinada".

En 2006, el escritor Felipe Botaya escribió la novela de ficción "Antártida 1947", relacionada con lo acaecido en la operación Highjump, la mayor ofensiva militar llevada a cabo por Estados Unidos contra una supuesta base militar alemana en la Antártida en 1947.

El autor de la novela se ampara en varias circunstancias. Aunque lo relacionado con la operación Highjump sigue siendo material clasificado, hay muchas incógnitas oficiales sobre el tema y, además, a raíz de todo esto se formó toda la campaña orquestada para dar salida a la luz pública el fenómeno Ovni. Otra fuente en la que parece se inspiraron los ocultistas nazis es en una serie de textos antiguos, escritos en sánscrito.

En efecto, la cultura de la India, rica en textos antiguos, describe naves voladoras de formas diferentes, colores y tamaños a las cuales llaman Vimanas. Ejemplos de estos textos son el Mahabaharata, el Ramayana, el Bhagavad Gita, el Kiratarjuniya y elSamarangana Subtrahara, escritos antes del 3000 a. C. Según ellos, en la India, algunos milenios antes de Jesucristo, existieron vehículos voladores, denominados Vimanas o Pushpaka, donde las personas que se montaban en ellos podían volar hacia los cielos y dirigirse a las estrellas y a mundos lejanos, para luego retornar a La Tierra.

En diciembre de 1919, un pequeño grupo de personas de las Sociedades Thule, Vril y de la DHvSS (siglas de hombres de la piedra negra), entre los que se encuentran Maria y Sigrun, alquilan una pequeña cabaña en las cercanías de Berchtesgaden (Alemania). Maria, entonces, afirma que ha recibido una serie de transmisiones mediúmnicas en una especie de escritura a la que ella llama "Templario-germánica", en un idioma que ella afirma desconocer, pero que contienen información de carácter técnico para la construcción de una máquina voladora.

Supuestos documentos pertenecientes a la Sociedad

del Vril mencionan que dichos mensajes telepáticos provienen de Aldebarán, a 68 años luz, en la constelación de Tauro. En cuanto a los documentos, se dice que Maria tenía dos montones de papeles fruto de dichos trances telepáticos: uno con la escritura desconocida y otro perfectamente legible. En cuanto a este último, Maria sospechaba que podría estar escrito en una forma arcaica de lo que podría ser un idioma del Próximo Oriente. Con la ayuda de un grupo cercano a la Sociedad Thule, conocido como los "Panbabilonistas", integrado por Hugo Winckler, Peter Jensen y Friedrich Delitzsch, entre otros, pudieron averiguar que dicho idioma no sería otro que antiguo sumerio, el idioma de los fundadores de la antigua Babilonia. Sigrun ayudó a traducir el mensaje y, de paso, a descifrar las extrañas imágenes del artefacto volador circular que aparecía en el otro montón de papeles.

Debido a las dificultades de financiación, el proyecto para la construcción de dicho aparato volador tardó tres años en ponerse en marcha. Supuestamente, ya para 1922 se habían fabricado de manera independiente distintas partes del prototipo en varias fábricas financiadas por la Sociedad Thule y la Sociedad del Vril. En diciembre de 1943, Maria asistió junto con Sigrun a un encuentro organizado por la Sociedad del Vril a orillas del mar en Kolberg. Supuestamente, el principal objetivo de dicho encuentro era el de debatir el "Proyecto Aldebarán". Las médiums de la Sociedad del Vril habrían recibido información telepática sobre planetas habitables alrededor de Aldebarán y planeaban viajar hasta allí. Al parecer, dicho proyecto se discutió de nuevo el 22 de enero de 1944 en un encuentro entre Hitler, Himmler, el Dr. W. Schumann, científico y profesor en la Universidad Técnica de Munich, y Kunkel, de la Sociedad del Vril. Se decidió que un prototipo de Vril 7 "Jäger" (cazador en alemán) sería enviado a través de un supuesto canal dimensional, no afectado por la limitación de la velocidad de la luz, en dirección Aldebarán.

De acuerdo con el escritor N. Ratthofer, el primer test en dicho canal dimensional tuvo lugar a finales de 1944. El test casi acabó en una desgracia porque tras el vuelo, el Vril 7 parecía como si hubiera estado volando durante cientos de años, y no solo por su aspecto sino porque además presentaba daños en multitud de sus componentes. A Maria Orsic se le pierde el rastro en 1945. El 11 de marzo de 1945, un supuesto documento interno de la Sociedad del Vril fue enviado a todos sus miembros. Una carta escrita por Maria Orsic terminaba diciendo la enigmática frase: "niemand bleibt hier" (no hay nadie aquí). Esta sería la última comunicación enviada por la Sociedad del Vril y desde entonces nadie volvió a saber nada sobre Maria Orsic ni ningún otro de sus miembros.

Muchos siguen creyendo que huyeron a Aldebarán. En marzo de 1945 María Orsic habría recibido comunicación de sus mensajeros prediciendo la derrota nazi antes del fin de ese año. Dio cuenta de ello a varios amigos, algunos de ellos como los hermanos Horten, salieron de Alemania y escaparon a Argentina. El jueves 15 de marzo de 1945, María Orsic se reunió con el Dr. Schumann por última vez. Éste le entregó un paquete con todos los documentos y planos de los Ovnis alemanes y se despidieron. Tres días después, María y su grupo Vril fueron a los hangares de Munich para tomar posesión de uno de los platillos y salieron con rumbo desconocido. Nunca fueron encontrados.

Curiosamente, dos destacados nativos de la antigua Yugoslavia, viviendo a ambos lados del océano Atlántico, mantenían una frecuente correspondencia, posteriormente confiscada, que trataba sobre la construcción de una aeronave con propulsión anti-gravitacional. Nikola Tesla era un científico en Nueva York, mientras que María Orsic era una médium en la Alemania del Tercer Reich. Tesla murió en 1943 y María desapareció en 1945. Ambos eran de procedencia yugoslava, geniales en sus respectivas áreas, amantes de los animales, vegetarianos, sin estudios universitarios terminados, solteros y sin hijos, sin religión, en contra de la guerra, pobres y casi indigentes, y ambos fueron estrechamente vigilados por las agencias militares y de inteligencia: Nikola Tesla por el FBI, OSS y CIA, y María Orsic, por la Gestapo y las SS. Nikola emigró a Nueva York y María a Berlín. Si los descubrimientos e inventos en el campo electromagnético de Nikola Tesla eran uno de los mayores secretos custodiados por las agencias militares, aún fue superior el grado de clasificación, en materia de seguridad, de la numerosa correspondencia que éste mantuvo con María Orsic. María y Nikola estaban relacionados en la construcción de una máquina voladora anti-gravitatoria y por sus contactos con extraterrestres.

Nikola era un científico, un genio del electromagnetismo, pero María era una chica a la que gustaba llevar el pelo largo hasta por debajo de la cintura, casi por las rodillas, que enseñaba ballet a principiantes e impartía clases de idiomas, pero que un día cayó en trance y comenzó a tener continuas experiencias mediúmnicas en las que recibió toda clase de datos técnicos y planos para la construcción de una nave voladora anti-gravitatoria. Ambos, María Orsic y Nikola Tesla, mantuvieron una numerosa correspondencia de la que nada se sabe y que siempre constituyó un expediente clasificado como de máxima seguridad. Entre los papeles de Tesla se encontraron detalles elaborados, dibujos y planos de una maquina voladora anti gravitatoria, en línea con los misteriosos Ovnis alemanes y de la enigmática energía vril de María Orsic.

En 1958 se realizó una nueva expedición estadounidense a la Antártida; pero en esta ocasión se portaban armas nucleares. Llegaron allí en el frío y oscuro verano polar. En tres ocasiones se lanzaron misiles atómicos contra el territorio de Nueva Suabia, pero en ninguna de las tres ocasiones llegaron a tierra, sino que explosionaron, sorpresivamente, en plena caída al aproximarse a la vertical de la costa. ¿Qué razón hubo para llevar a cabo aquellas empresas bélicas sobre la zona antártica? ¿Y para rodear todo este tema de un completo secretismo?

Un último hecho podría aclarar más este enigma: se conservan fragmentos de un informe alemán. Trata sobre una "misión suicida" que se llevó a cabo con un único Haunebu-3 que se construyó para un increíble, en aquella época, vuelo a Marte. El Haunebu-3 tenía 71 metros de diámetro. Matemáticamente se calculó su capacidad de autonomía con propulsión electro gravitacional y resultó ser de 75 millones de kilómetros, es decir, que cubría suficientemente la distancia más corta entre la Tierra y Marte, estimada en 59 millones de kilómetros. Pero una vez llegados a Marte el impulsor electro gravitacional quedaba inoperante. Un viaje en tales condiciones significaba, en consecuencia, un viaje a lo desconocido, y sin posibilidad alguna de regresar para la tripulación, que parece estaba compuesta por alemanes y japoneses.

Pero así se decidió, según el informe mencionado, en el ultrasecreto departamento E-4 de las SS, en la primavera de 1945; aunque fuese un postrer acto de sacrificio. Tras despegar, según el informe, el cohete navegó durante ocho meses y medio alcanzando la superficie de Marte, como estaba previsto, a mediados de enero de 1946. Al parecer, no hubo problemas en el viaje, pero se piensa que con el propulsor electro gravitacional prácticamente agotado, la extremadamente tenue atmósfera marciana y la atracción gravitatoria, el aterrizaje de la nave no debió ser suave.

Aun así, no hay informes de que fuese un aterrizaje forzoso, porque, según el informe, llegó con la energía mínima suficiente para contrarrestar la relativamente leve fuerza de gravedad marciana. Lo cierto, en cualquier caso, es que por ahora sólo podemos especular sobre aquella empresa espacial pionera y el destino de aquellos anónimos primeros cosmonautas, entre los que tal vez se encontraba Maria Orsic.

Y es que, por increíblemente fantástica que pueda parecer esta historia, es un acontecimiento contrastado, aunque, eso sí, celosamente ocultado al público. Cabría la posibilidad de que la tripulación del Haunebu-3 encontrase algo más de lo que las actuales sondas no tripuladas han descubierto para nosotros, tal como verdaderos restos de cultura o incluso refugios subterráneos habitables. Pero es imposible saberlo.

Aunque lo más probable es que el Haunebu-3 esté hoy sepultado bajo metros de arena marciana. Se sabe que a principios de mayo de 1945 todos los centros alemanes de investigación aeronáutica recibieron la orden de Adolf Hitler de destruir toda evidencia sobre proyectos y armas secretas en desarrollo. Ya en aquella época los alemanes eran poseedores del cohete A-9, capaz de mantener a un astronauta en órbita permanentemente en torno a la Tierra.

Según otra información divulgada, al final de la Segunda Guerra Mundial, estaba también muy avanzada, en los laboratorios subterráneos secretos de Breslau, la construcción de cuatro prototipos de Ovnis, que formaban parte del programa Vergeltungswaffen (armas de represalia). Se dice que, en los últimos momentos, cuando los rusos presionaban por el frente del Este y los estadounidenses avanzaban por el Oeste, mientras Hitler y sus íntimos colaboradores se guarecían en el búnker berlinés, se embarcaron todos los planos y prototipos secretos de Breslau en un submarino que zarpó de Kiel con rumbo desconocido.

Puede que el sumergible llegase a algún lugar secreto de América del Sur o la Antártida. Tal vez se continuaron los trabajos iniciados en Breslau en algún nuevo lugar ignorado. Si así fuera, tendríamos una explicación para esos Ovnis tripulados por hombres altos y rubios, vistos poco después de terminar la Segunda Guerra Mundial. Claro que ello no explicaría el avistamiento de todos los casos de Ovnis. Porque ya los textos bíblicos hablan de misteriosas ruedas de fuego girando en el espacio. Y a lo largo de toda la historia humana encontramos innumerables relatos sobre Ovnis. Los Ovnis nazis podrían ser la explicación de fenómenos recientes y no de todos. Pero podríamos pensar que la tecnología nazi coincidió, en mayor o menor medida, con visitas de otras civilizaciones superiores, tal vez extraterrestres. O quizás los nazis las hubieran obtenido de esas civilizaciones. Se sabe que Hitler creía en la teoría de que la Tierra es hueca y que hizo esfuerzos por entrar en contacto con este mundo subterráneo. Y la posible existencia de aberturas polares que conducen a este mundo del interior de la Tierra hace también pensar en la posibilidad de que la expedición Ritscher llegara a descubrirlo.

Marte es el cuarto planeta del Sistema Solar más cercano al Sol. Llamado así por el dios de la guerra de la mitología romana, Marte, recibe a veces el apodo de planeta rojo debido a la apariencia rojiza que le confiere el óxido de hierro que domina su superficie. Tiene una atmósfera delgada formada por dióxido de carbono, y dos satélites: Fobos y Deimos. Forma parte de los llamados planetas telúricos, de naturaleza rocosa, como la Tierra, y es el planeta interior más alejado del Sol. Es, en muchos aspectos, el más parecido a la Tierra.

Aunque en apariencia podría parecer un planeta muerto, no lo es. Sus campos de dunas siguen siendo mecidos por el viento marciano, sus casquetes polares cambian con las estaciones e incluso parece que hay algunos pequeños flujos estacionales de agua. Tycho Brahe (1546 – 1601), astrónomo danés, considerado el más grande observador del cielo en el período anterior a la invención del telescopio, midió con gran precisión el movimiento de Marte en el cielo.

Los datos sobre el movimiento retrógrado aparente permitieron a Kepler hallar la naturaleza elíptica de su órbita y determinar las leyes del movimiento planetario, conocidas como leyes de Kepler. Marte forma parte de los planetas superiores a la Tierra, que son aquellos que nunca pasan entre el Sol y la Tierra. Sus fases, que representan la porción iluminada vista desde la Tierra, están poco marcadas. Marte tiene forma ligeramente elipsoidal, con un diámetro ecuatorial de 6794 km y polar de 6750 km. Medidas micrométricas muy precisas han mostrado un achatamiento de 0,01, tres veces mayor que el de la Tierra. A causa de este achatamiento, el eje de rotación está afectado por una lenta precesión debida a la atracción del Sol sobre el abultamiento ecuatorial del planeta.

La precesión lunar, que en la Tierra es dos veces mayor que la solar, no tiene su equivalente en Marte. Con este diámetro, su volumen es de 15 centésimas el terrestre y su masa solamente de 11 centésimas. En consecuencia, la densidad es inferior a la de la Tierra, equivalente a 3,94 en relación con el agua. Un cuerpo transportado a Marte pesaría 1/3 de su peso en la Tierra, debido a la poca fuerza gravitatoria. Se conoce con exactitud lo que tarda la rotación de Marte debido a que las manchas que se observan en su superficie, oscuras y bien delimitadas, son excelentes puntos de referencia. Fueron observadas por primera vez en 1659 por

Christiaan Huygens, que asignó a su rotación la duración de un día. En 1666, Giovanni Cassini la fijó en 24 h 40 min, valor muy aproximado al verdadero. Trescientos años de observaciones de Marte han dado por resultado establecer el valor de 24 horas 37 minutos y 22,7 segundos para el día sideral, mientras que el periodo de rotación de la Tierra es de 23 horas 56 minutos y 4,1 segundos. Marte rota en sentido contrario a las agujas del reloj, al igual que la Tierra. De la duración del día sideral se deduce que el día solar tiene en Marte una duración de 24 horas 39 minutos 35,3 segundos.

En agosto de 1877, Asaph Hall, astrónomo del Observatorio Naval de los Estados Unidos, descubrió los satélites de Marte usando un telescopio refractor de 26 pulgadas de diámetro, uno de los más grandes de la época. Habían transcurrido más de 150 años desde que Jonathan Swift se refiriese a estos dos satélites en Los viajes de Gulliver. La afición de Hall por la astronomía le permitió ir desde el colegio de MacGrawville hasta la Universidad de Michigan, y desde allí hasta la de Harvard. Y en 1862, quince años antes de descubrir los extraños satélites de Marte, pudo obtener una plaza en el Observatorio Naval de Washington. En una carta a un amigo en Inglaterra, Asaph Hall decía: "Nunca lo tomé seriamente en consideración hasta la primavera de 1877. Por ese tiempo sucedieron algunas cosas sobre ese problema de que Marte no tuviese satélites.

Quizás la principal de ellas fue el descubrimiento, en

diciembre de 1876, de una mancha blanca en Saturno, la cual me permitió calcular la rotación de ese planeta, lo cual me demostró cuán poco de confiar son los libros de texto; y me hicieron dudar, entre otras cosas, de la frase que tan frecuentemente leía en esos libros: Marte no tiene satélites. Comenzando con las observaciones de Sir William Herschel, en 1783, pude encontrar una gran cantidad de observaciones sobre Marte. Pero, desde el tiempo de Herschel, quien parece haber buscado los satélites de Marte, no se hizo ninguna búsqueda seria, con la excepción de la hecha por el astrónomo D"Arrest, de Copenhague, con un refractor de 10 pulgadas. Como D'Arrest fue un experto observador y un astrónomo de primera, el hecho de que no haya encontrado lunas en Marte en ocasión tan favorable, como fue la oposición de 1862, fue descorazonador. La búsqueda la comencé en los primeros días de agosto. Al principio mi atención estaba dirigida a buscar objetos tenues a cierta distancia de Marte.

Comencé a observar la región cercana al planeta, dentro de su halo luminoso. Pegué el telescopio a la superficie del círculo marciano e hice girar el lente tangente al círculo que hace el disco del planeta. En la noche del 11 de agosto volví a encontrar el objeto, y al querer asegurarme se levantó niebla del río Potomac paralizando mi labor. Después hizo varios días neblinosos. La búsqueda recomenzó el 15 de agosto, pero una tormenta de truenos puso la atmósfera en mala situación en la primera parte de la noche. El 16 de agosto volví a encontrar el objeto, y la observación demostró que se movía con el planeta.

El 17 fue encontrado el otro objeto mientras esperaba ver salir al primero, el que está más lejos de Marte. Por varios días, la luna interior (Fobos) constituyó un enigma, pues aparecía y desaparecía en diferentes lados del planeta debido a su enorme velocidad de traslación, lo cual me hizo pensar que eran varias las lunas, dos o tres, ya que parecía imposible que un satélite se moviese alrededor de su planeta en un tiempo más rápido del que el planeta rota sobre su eje. Para aclarar ese punto, observé esta luna (Fobos) las noches del 20 y 21 de agosto, hasta comprobar que era una sola luna que giraba alrededor del planeta en menos de un tercio del tiempo de la rotación del planeta. Un caso único en el sistema solar". Asaph Hall descubrió primero a Deimos y luego a Fobos, el más cercano a Marte.

En otra carta, Asaph Hall explica cómo fueron tomadas las medidas de los satélites: "En el Observatorio del Colegio de Harvard, además de las observaciones hechas por L. Waldo, el profesor Pickering y sus ayudantes, Searle y Upton, tomaron una serie de medidas fotométricas de la brillantez (albedo) de estas lunas. De los resultados, Pickering infiere que el diámetro del satélite exterior es de algo más de 9 kilómetros, y el del interior de algo más de 11 kilómetros. Cuan correctas son estas medidas, es muy difícil de decir. Ambas lunas están siempre dentro del halo de luz del planeta. Por lo tanto, existe una gran incertidumbre en cuanto al verdadero tamaño de las lunas.

De los varios nombres propuestos, sentí predilección por los sugeridos por Homero: Deimos para el satélite más lejano, y Fobos para el otro". Lo misterioso de las lunas de Marte son sus anomalías. Alfred Percy Sinnett (1840 – 1921) fue un periodista inglés que, por el intermedio de Blavatsky en la India, tuvo una gran correspondencia con los Mahatmas Kuthumi y Morya, entre otros. Estos lo instruyeron y le pidieron que publicara un resumen de la enseñanza recibida, considerando que como escritor y por su origen inglés, se le facilitaría transmitir conceptos difíciles de expresar en el lenguaje occidental.

Así lo hizo, y sus primeros libros tuvieron mucho impacto a nivel mundial, atrayendo mucha gente a la teosofía. En su correspondencia del año 1882, cinco años después del descubrimiento oficial de los satélites, encontramos una carta del Mahatma Kuami Lal Singh, donde se dice esta asombrosa frase: "Fobos no es un satélite natural, ya que su ciclo alrededor de Marte es demasiado corto". Después del Mahatma, otros han señalado esta condición de Fobos, como Dennis Wheatley, en su novela de ciencia ficción La estrella de mal augurio, y el filósofo y sociólogo inglés, Geraldrad Heard, que en su libro El enigma de los platillos volantes habla de una inteligente raza de insectos tripulando platillos volantes, además de la artificialidad de Fobos.

Estos fueron los primeros casos conocidos en lanzar la idea de que Fobos era artificial. Resulta que en el año 2010, la Mars Express ha realizado una serie de prospecciones en Fobos y ha llegado a una serie de conclusiones que hacen pensar que éste planetoide, que orbita alrededor de Marte, es artificial. El 7 de marzo de 2010, la sonda europea Mars Express fotografió en alta resolución el satélite marciano Fobos.

Particularmente fue la zona norte en donde efectuó ésta prospección. El Mars Express obtuvo unas cuantas fotos de la cara norte de este planetoide, con una aproximación de 100 kilómetros. Anteriormente, la sonda Viking 1 había conseguido unas interesantes fotografías del planetoide. En esas fotos pueden observarse los surcos que recorren su superficie. Son unos surcos paralelos entre sí que recorren la totalidad de su superficie.

Según la NASA esos surcos fueron producidos por una serie de impactos en cadena de una gran cantidad de meteoritos que cayeron sobre Fobos. Algo que a primera vista parece difícil de creer.

La Mars Express también tenía la importante misión de calcular la masa y la gravedad del planeta Marte. Para ello estaba dotada de un sistema de radar de sondeo de subsuelo y la ionosfera marciana. Mediante esta sonda se llegó a una serie de conclusiones increíbles.

Determinaron que la densidad de Fobos era de 1876 kilogramos por metro cúbico aproximadamente, y observaron que en el interior de Fobos se estaban produciendo unos efectos muy extraños. La ESA (European Space Agency), después de observar que en el interior del planetoide los ecos de radar rebotaban en todas las direcciones, llegaron a la conclusión de que Fobos tenía enormes oquedades interiores, por no decir que era totalmente hueco.

Y, debido a esta conclusión, la propia ESA determinó que Fobos no era un asteroide capturado por la órbita marciana. Esta agencia espacial concluye en que por lo menos un tercio de Fobos es hueco. Pero esto no es nuevo. Los rusos en la misión FOBOS 2, desaparecida misteriosamente en el año 1989, llegaron a unas conclusiones muy parecidas. Lo que estaba diciendo el radar de la Mars Express era que las ecosondas rebotaban por reflexión dentro de Fobos.

Se observa un rebote constante de una serie de ondas dentro del planetoide, produciendo un efecto de vacío. Esta experiencia mostraba también que el interior de Fobos no era uniforme. Hay en su interior estructuras de alguna naturaleza que no obedecen a elementos naturales. En los gráficos se observan unos picos por debajo de los 47 decibelios, indicando que hay estructuras en ángulo recto, ya que se produce una reflexión de ondas de noventa grados.

Ello indicaría que se trataría de estructuras

artificiales. La naturaleza no construye con ángulos de noventa grados. Estos niveles del eco radar no reflejan estructuras naturales. Esto indicaría que Fobos es artificial. Iósif Samuílovich Shklovski (1916 – 1985) fue un astrónomo y astrofísico ruso. En 1933 Shklovski entró en la Facultad Físico-Matemática de la Universidad Estatal de Moscú. Allí estudió hasta 1938, cuando hizo un curso de posgrado en el Departamento de Astrofísica del Instituto Astronómico Sternberg y siguió trabajando en el Instituto hasta el final de su vida. Se especializó en astrofísica teórica y radioastronomía, así como la corona solar, las supernovas, y los rayos cósmicos y sus orígenes.

Demostró, en 1946, que la radiación de ondas de radio del Sol emana de las capas ionizadas de su corona, y desarrolló un método matemático para discriminar entre ondas de radio térmicas y no térmicas en la Vía Láctea. Es célebre especialmente por sus sugerencias de que la radiación de la Nebulosa del Cangrejo se debe a la radiación sincrotrón, en donde excepcionalmente electrones energéticos giran a través de campos magnéticos a velocidades cercanas a la de la luz. Shklovski propuso que los rayos cósmicos de explosiones de supernova dentro de los 300 años de luz del Sol podrían haber sido responsables de algunas de las extinciones masivas de vida en la Tierra.

En 1959 Shklovski examinó el movimiento orbital del satélite interior de Marte, Fobos. Concluyó que su órbita estaba decayendo y apuntó que, si esto se le atribuía a la fricción con la atmósfera marciana, entonces el satélite debía tener una densidad excepcionalmente baja. En este contexto manifestó un indicio de que podía ser hueco y posiblemente de origen artificial. El indicio aparente de implicación extraterrestre capturó a la imaginación pública, aunque hay algún desacuerdo sobre cuán seriamente pretendió Shklovski que fuese tomada la idea. Iosif Shklovsky afirmaba que Fobos es un sputnik (satélite artificial) de los marcianos.

El 10 de mayo de 1959, la revista Komsomolskaya Pravda entrevistó a Shklovsky con motivo de la publicación de su libro Vida y Razón en el Universo. En este libro se habla de Fobos. Las declaraciones del científico a la revista soviética dicen así con respecto al satélite de Marte: "El astrónomo norteamericano Sharpless estudió a partir de 1945 la traslación de Fobos; y en 1954, al comparar los resultados de sus cálculos con los obtenidos por Hermann Struve a principios de siglo, descubrió que, en pocas decenas de años, Fobos había adelantado (acelerado) su órbita dos grados cada cincuenta años".

La existencia de esta aceleración fue ampliamente discutida por aquellos años, pero en 1964 se pudo estimar matemáticamente su existencia. Esta aceleración de dos grados cada cincuenta años es completamente imposible, en base a la mecánica celeste, si Fobos fuese un satélite natural, pero completamente posible si se trata de un satélite artificial. En el año 1965, Shklovsky publicó un artículo en la revista francesa Planete,en que dice: "Se me anunció que el astrónomo británico Wilkins había desmentido el resultado de los cálculos de Sharpless.

Este anuncio fue una falsa información. Wilkins me ha escrito reciente mente para decirme que la aceleración de Fobos continúa". Cuando un satélite artificial es puesto en órbita alrededor de un planeta, su velocidad inicial le permite contrarrestar la fuerza de atracción del planeta en torno al cual está girando y no caer. Pero si algo lo frena en su velocidad, el satélite artificial es vencido por la fuerza de gravedad del planeta y cae hacia su superficie. El frenado se traduce en una pérdida de velocidad del satélite artificial, que comienza a caer, al mismo tiempo que acelera su velocidad, porque en la caída, que es en una espiral que se cierra hacia la superficie del planeta, la fuerza de atracción lo acelera. Por lo tanto, en cuanto algo frena a un satélite artificial le hace aumentar su velocidad, que no es otra cosa que una velocidad de caída. Esto es lo que les ocurre a todos los satélites artificiales que lanzamos aquí en la Tierra. Todos caen al final debido a la fricción y al choque con las moléculas de las altas capas de la atmósfera, que los va frenando, así como a la fuerza de gravedad de la Tierra. Esto es lo que parece le ocurre a Fobos.

Han sido propuestas varias explicaciones para

explicar qué es lo que frena a Fobos. Una nos dice que podría ser provocado por las mareas gravitatorias, como la que existe y actúa en el sistema Tierra-Luna. Pero no parece posible, ya que el frenado de Fobos es 10 000 veces mayor que el producido por las mareas del sistema Marte–Fobos.

También se dice que podría deberse al campo electromagnético marciano. Pero tampoco parece posible. Shklovsky en su libro examina y desarrolla matemáticamente todas estas posibles explicaciones al frenado de Fobos. Estos cálculos han sido verificados por especialistas, que los consideran impecables. Además, el Mariner-4 no captó ningún campo electromagnético apreciable. Asimismo, se ha especulado sobre que podría deberse a los efectos clásicos de la mecánica celeste o al efecto de la presión de la radiación del Sol, el llamado "viento solar".

Pero ambas alternativas han sido desechadas. Otra causa sería el efecto de la atmósfera marciana, un efecto semejante al que hace caer a los satélites terrestres. Parece que esta sería la respuesta adecuada. En efecto, Fobos tiene que ser frenado por la atmósfera marciana. Pero, dada lo tenue de la atmósfera marciana, eso querría decir que la masa de Fobos es muy pequeña y que por dicha razón podría ser frenada.

¿Cómo puede ser que un peñasco de 16 kilómetros de diámetro pueda ser frenado por una atmósfera tan tenue? La respuesta no puede ser otra que la de que Fobos no es ningún peñasco y que está hueco por dentro. Fobos es hueco y metálico. Esta superficie de metal permite reflejar mejor la luz solar que una de piedra. En 1959, Shklovsky emitió la hipótesis de que todos los fenómenos observables en Fobos se explican si estimamos su densidad en 103 gramos por centímetros cúbicos.

Una sustancia tan porosa no es lo suficientemente sólida para cumplir con las leyes de la mecánica celeste. Las fuerzas gravitatorias que actúan sobre el satélite lo desintegrarían, a menos que fuese hueco. Un razonamiento conduce al otro. La aceleración de Fobos es una prueba de su artificialidad. Pero, para explicarlo debemos suponer que es hueco.

Si, por otra parte, suponemos que es hueco, la misteriosa aceleración se aclara. Como declarara Shklovsky, Fobos es un satélite artificial y muy probablemente también lo es Deimos. Esta teoría del radioastrónomo soviético es tan fantástica que nos imaginamos que podemos refutarla fácilmente. Pero resulta imposible hacerlo. La base de esta teoría, la aceleración de Fobos, es irrebatible; y si esto es irrebatible, todo lo de demás lo es. Además, son muchos los síntomas que se han llamado "anomalías". Fobos gira más rápido que su planeta, caso único en todo el sistema solar. La única ligera semejanza con esta aceleración de Fobos la podemos encontrar en los anillos de Saturno, que precisamente, por ser algo más veloces que su planeta, se hallan fragmentados en pedazos. Pero Fobos no se ha fragmentado.

Tanto Fobos como Deimos se hallan situados exactamente en el plano ecuatorial de Marte. Ambos giran sobre el ecuador marciano con una exactitud y precisión matemática. Aunque no son el único caso del sistema solar, esta rareza hay que sumarla a las otras. Las órbitas de las dos lunas de Marte son perfectamente circulares. Además, Fobos y Deimos no tienen el característico color rojizo de Marte. En 1959, astrónomos de Checoslovaquia pudieron determinar el origen de un meteorito que cayó en su país. El proyectil cósmico procedía, según su trayectoria, de algún lugar situado entre Marte y Júpiter. Vino a sumarse a los millares de asteroides caídos en aquellos parajes desde principios del siglo XIX. Era, según se cree, un ínfimo fragmento del planeta Faetón, que desapareció del cielo en tiempos remotos. Pero, ¿cuándo? Nicolai Danilovich Rudenko cree que hace unas decenas de millares de años. En cambio, la Astronomía retrasa muchísimo más el tiempo en que Faetón, según afirma el académico ruso V. G. Fesenkov, «estalló como una bomba». Si este planeta estaba habitado, tal vez los Akpallus, extraños seres mitad pez, mitad humanos, de que nos habla el sacerdote babilonio Beroso, serían supervivientes de aquella catástrofe. Tal vez viajaron por el espacio, visitaron la Tierra y enseñaron a los hombres, en las orillas del Golfo Pérsico, los rudimentos de su conocimiento. Y si distintos fragmentos de Faetón cayeron repetidas veces en el curso de los tiempos, ¿no pudieron destruir varias florecientes civilizaciones humanas? Para Rudenko, como para el escritor C. S. Lewis, Júpiter es el centro biológico del sistema solar, el lugar del Universo en que la vida adquirió sus formas más completas. Los seres de Faetón ocupaban, en la jerarquía, un lugar intermedio entre los habitantes de Júpiter y los de la Tierra. Gracias a este contacto indirecto, Solón, repitiendo lo que había aprendido de los sacerdotes egipcios de Sais, nos dice: «Faetón, hijo del Sol, no pudo dominar el carro del Sol y quemó cuanto había en la Tierra; después, pereció, víctima del fuego. Cayó envuelto en llamas sobre la Tierra».

En el libro maya de Chilam Balam, podemos leer: «La Tierra tembló. Y cayó una lluvia de fuego y de cenizas, y de rocas. Y las aguas subieron y descargaron un terrible golpe. Y en un momento todo fue destruido». Es sorprendente que el hombre, cuya antigüedad se estima en varios millones de años, no construyese una avanzada civilización hasta tiempos recientes.

Se cree que los restos del planeta Faetón sólo dejaron de caer en la Tierra hace unos cuantos miles de años. Ahora, sólo recibimos, todos los años, unes pequeños meteoritos. Pero quizás esta fina materia de meteoros aún contiene restos fósiles de vida, como pretenden algunos investigadores. Estos meteoros son los últimos mensajeros del planeta muerto, de donde algunos suponen que vinieron los que nos aportaron la civilización. Ahora somos poseedores, como los Antiguos de Faetón, de un poder que, si se desencadenara, podría hacer estallar nuestro propio planeta. «Escribo este cuento de hadas –dice Rudenko– para que mis hijos, Yuri, Oleg y Valeri puedan vivir, y para que nosotros no cometamos el mismo error que los seres de Faetón. Para que, dominado el fuego del cielo, no nos aniquile también la llama celeste y flotemos todos nosotros, en los milenios venideros, convertidos en polvo en la inmensidad».

Para que consideremos un planeta como habitable por seres humanos, uno de los elementos básicos lo constituye el agua. En las imágenes tomadas por la sonda orbital Mars Reconnaissance Orbiter, nave espacial multipropósito, lanzada el 12 de agosto de 2005 para el avance en el conocimiento de Marte, se detectaron vetas superficiales descendentes con variaciones estacionales en las colinas marcianas, lo que se interpretó como el indicio más prometedor de la existencia de corrientes de agua líquida en el planeta.

El 14 de febrero de 2014, en fotografías tomadas por las naves que orbitaban Marte, se observaron pruebas de que existen flujos de agua en las llamadas líneas de pendiente recurrentes. El 28 de septiembre de 2015, durante una rueda de prensa, la NASA anunció que había hallado pruebas de que el agua líquida, probablemente mezclada con sales percloradas, fluye intermitentemente por la superficie de Marte. En diciembre de 2013 se anunció la posibilidad de que hace unos 3600 millones de años, en la denominada Bahía Yellowknife, en el cráter Gale, cerca del ecuador del planeta, habría existido un lago de agua dulce que pudo albergar algún tipo de vida microbiana. La posibilidad de agua en Marte está condicionada por varios aspectos físicos.

El punto de ebullición depende de la presión y si esta es excesivamente baja, el agua no puede existir en estado líquido. Eso es lo que ocurre en Marte. Si ese planeta tuvo abundantes cursos de agua fue porque contaba también con una atmósfera mucho más densa que la actual, que proporcionaba también temperaturas más elevadas. Al disiparse la mayor parte de esa atmósfera en el espacio, y disminuir así la presión y bajar la temperatura, el agua desapareció de la superficie de Marte. Ahora bien, subsiste en la atmósfera, en estado de vapor, aunque en escasas proporciones, así como en los casquetes polares, constituidos por grandes masas de hielos perpetuos.

Todo permite suponer que entre los granos del suelo marciano existe agua congelada, fenómeno asimismo común en las regiones muy frías de la Tierra. En torno de ciertos cráteres marcianos se observan unas formaciones en forma de lóbulos cuya formación solamente puede ser explicada admitiendo que el suelo de Marte está congelado. También se dispone de fotografías de otro tipo de accidente del relieve, consistente en un hundimiento del suelo de cuya depresión parte un cauce seco con la huella de sus brazos separados por bancos de aluviones.

El agua se encuentra también en paredes de cráteres o en valles profundos donde no incide nunca la luz solar, accidentes que parecen barrancos formados por torrentes de agua, así como también hay depósitos de tierra y rocas transportados por ellos. Pero solo aparecen en latitudes altas del hemisferio Sur marciano. La comparación con la geología terrestre sugiere que se trata de los restos de un aporte superficial de agua similar a un acuífero. De hecho, la sonda Mars Reconnaissance Orbiter ha detectado grandes glaciares enterrados, que se extienden en docenas de kilómetros y con profundidades del orden de 1 kilómetro, que van desde los acantilados y las laderas de las montañas y que se hallan a latitudes más bajas de lo esperado. Esa misma sonda también ha descubierto que el hemisferio norte de Marte tiene un mayor volumen de agua helada.

El espectrómetro de rayos gamma de la sonda Mars Odysse ha recogido otra prueba a favor de la existencia de grandes cantidades de agua en el pasado marciano, en forma de océanos que habrían cubierto una tercera parte del planeta. También ha podido delimitar lo que parece ser las líneas de costa de dos antiguos océanos. También subsiste agua marciana en la atmósfera del planeta, aunque en una proporción tan ínfima, del 0,01% que, de condensarse totalmente sobre la superficie de Marte, formaría sobre ella una película líquida cuyo espesor sería aproximadamente de la centésima parte de un milímetro.

A pesar de su escasez, ese vapor de agua participa de un ciclo anual. En Marte, la presión atmosférica es tan baja que el vapor de agua se solidifica en el suelo, en forma de hielo, a la temperatura de −80 °C. Cuando la temperatura se eleva de nuevo por encima de ese límite, el hielo se sublima, convirtiéndose en vapor sin pasar por el estado líquido.

Los científicos continúan buscando la respuesta al enigma de si hay o hubo vida en Marte. Giovanni Virginio Schiaparelli (1835–1910) fue un astrónomo e historiador de la ciencia italiano. Es especialmente conocido por su trabajo sobre Marte. Determinó once mil medidas de estrellas binarias, es decir, estrellas que en el telescopio óptico aparecen muy cerca una de la otra en el cielo. La óptica de estrellas dobles puede ser de dos estrellas que orbitan mutuamente alrededor de un centro de masas común (binarias visuales), o parejas aparentes: dos estrellas, sin ninguna conexión física pero que están muy cerca, desde la perspectiva de la observación desde la Tierra.

Entre los resultados astronómicos, hubo el descubrimiento del asteroide Hesperia, el 29 de abril de 1861, y la demostración de la asociación de las lluvias de meteoros de Perseidas y de Leónidas con un cometa. Schiaparelli verificó, por ejemplo, que la órbita del enjambre meteórico de Leónidas coincidía con la del cometa Tempel-Tuttle.

Estas observaciones llevaron al astrónomo a formular la hipótesis, que posteriormente resultó ser muy exacta, que las lluvias de meteoros podrían ser residuos de cometas. Schiaparelli fue uno de los más grandes académicos de su siglo de la historia de la astronomía antigua. Fue, entre otras cosas, el primero en comprender que la esfera celeste de Eudoxo de Cnidos y de Callippo de Cizici, a diferencia de los utilizados por muchos astrónomos de épocas posteriores, no fueron concebidas como una esfera material, sino sólo como parte de un algoritmo de un cálculo análogo a la moderna Serie de Fourier.

Propuso además una ingeniosa reconstrucción del sistema planetario de Callippo, que todavía es la base de estudios sobre este tema. Entre los muchos resultados de Schiaparelli, el más popular para el público en general fueron sus observaciones al telescopio del planeta Marte. Durante la gran oposición de 1877, observó en la superficie del planeta una densa red de las estructuras lineales que llamó "canales".

Los canales de Marte pronto se hicieron famosos, dando lugar a una oleada de hipótesis y especulaciones sobre la posibilidad de vida inteligente en Marte. Giovanni Schiaparelli, en La vita sul pianeta Marte dice: «Más que verdaderos canales, de la forma para nosotros más familiar, debemos imaginar depresiones del suelo no muy profundas, extendiéndose en dirección rectilínea por miles de kilómetros, con un ancho de 100, 200 kilómetros o más. Ya he señalado una vez más que, de no existir lluvia en Marte, estos canales son probablemente el principal mecanismo mediante el cual el agua (y con él la vida orgánica) puede extenderse sobre la superficie seca del planeta».

Entre los más fervientes partidarios de la opción "artificial" de los canales de Marte estaba el famoso astrónomo americano Percival Lowell, que pasó la mayor parte de su vida tratando de demostrar la existencia de vida inteligente en el planeta rojo. Percival Lowell (1855–1916) fue un aficionado a la astronomía, convencido de que existían canales de origen artificial en Marte, y fundador del Lowell Observatory en Flagstaff. Lowell fue en Estados Unidos el principal defensor de la existencia de canales en Marte. Había recogido esa idea de las observaciones y dibujos de Giovanni Schiaparelli, astrónomo italiano de gran prestigio, que había anotado la palabra canali en algunas estructuras alargadas de la superficie del planeta. Lowell se interesó en el tema y pasó varios años observando la superficie de Marte y realizando multitud de dibujos de su superficie. Expuso sus observaciones y teorías en tres libros: Mars (1895), Mars and Its Canals(1906), y Mars as the abode of Life (1908).

Gran parte de la iconografía popular de los

marcianos como extraterrestres prototípicos proviene de las obras de Lowell sobre los canales de Marte y la necesidad de una civilización avanzada capaz de extraer el agua de sus polos y llevarla a las regiones ecuatoriales menos frías. En 1912, cuatro años después de que Lowell publicara sus teorías sobre la vida en Marte, Edgar Rice Burroughs comenzaría una serie de novelas de ciencia ficción sobre los habitantes de Marte. A medida que Lowell se fue quedando solo como defensor de la idea de canales marcianos, su prestigio científico, bien establecido anteriormente, se fue hundiendo poco a poco.

La mayor contribución de Lowell a las ciencias planetarias llegaron en sus últimos 8 años de vida en los que, deseoso de redimir su imagen pública como astrónomo, se dedicó a la búsqueda del Planeta X, un hipotético planeta más allá de la órbita de Neptuno. La búsqueda continuó incluso varios años después de su muerte. Finalmente, en 1930 el nuevo planeta fue descubierto por Clyde Tombaugh, un astrónomo del Observatorio Lowell.

El planeta se denominó Plutón, un nombre que tenía reminiscencias mitológicas y cuyas primeras letras, "PL", representaban a Percival Lowell. Hay que destacar que la búsqueda de un planeta más allá de Neptuno provenía de las dificultades en ajustar la órbita del planeta, lo que sugería atribuir las perturbaciones gravitatorias a un planeta exterior. Tal era el método por el que se había descubierto Neptuno, a través de sus perturbaciones sobre la órbita de Urano. Sin embargo Plutón es demasiado pequeño para tener ninguna influencia sobre la órbita de Neptuno. Finalmente el problema con el ajuste de la órbita de Neptuno resultó ser que su trayectoria no había sido bien determinada al contar con observaciones de una parte muy pequeña de su periodo orbital anual de 165 años.

Entre los científicos que ponían en tela de juicio la existencia de "canales", estuvieron el astrónomo italiano Vincenzo Cerulli, uno de los primeros en proponer que la hipótesis de que las estructuras de Schiaparelli eran simples ilusiones ópticas, el astrónomo inglés Edward Walter Maunder, que realizó experimentos visuales para demostrar la naturaleza ilusoria de los canales, y el naturalista inglés Alfred Russel Wallace, que en el libro "Is Mars Habitable?", publicada en 1907, criticó la tesis de Lowell diciendo que la temperatura y la presión atmosférica del planeta son demasiado bajas para que el agua pudiese existir en forma líquida, y que todos los análisis espectroscópicos realizados hasta ese momento habían establecido la presencia de vapor de agua en la atmósfera marciana.

Pero las primeras imágenes de la superficie del planeta Marte tomadas por la sonda espacial Mariner 4 en 1965 y los primeros mapas realizados por el Mariner 9 en 1971, pusieron fin, en un primer momento, a la controversia al revelar una superficie árida y desértica salpicada de cráteres de impacto, con incisiones profundas y formaciones de origen volcánico. Otras nuevas exploraciones de Marte, han revelado un planeta árido, con cráteres similares a los lunares, enormes volcanes y un gran cañón de 3,000 millas de largo. Muchos geólogos están convencidos de que los 'canales' fueron formados por gigantescas inundaciones causadas, ya sea por meteoros impactando y derritiendo el hielo bajo la superficie, o por actividad volcánica.

La visionaria cósmica Ruth Norman, en su libro Marte, "Descubiertas Ciudades Subterráneas", dijo que en sus visiones observó que Marte fue víctima de una enorme perturbación hace unos 160.000 años, causada por la entrada en nuestro sistema solar de un cuerpo celeste que pasó cerca de Marte, chocando con la Tierra, y destruyendo el antiguo continente terrestre de Lemuria. Como resultado de esta aproximación, la superficie de Marte perdió su agua y quedó devastada. Sin embargo, la civilización marciana en ese momento era lo suficientemente avanzada para recibir información previa del cuerpo intruso y prepararse para sobrevivir al cataclismo mediante la construcción de ciudades subterráneas. Según Ruth Norman, una de las razones por las que Marte es considerado como el planeta, o dios, de la guerra es que se produjeron formas de pensamiento negativas después de la destrucción de Maaldek, o Faeton, un planeta más allá de Marte, con una civilización existente, cuyos fragmentos son el científicamente inexplicable cinturón de asteroides entre Marte y Júpiter.

Las marcas de canales se considera que se deben a

un sistema de túneles subterráneos entre las ciudades, creando un efecto característico en la superficie. Ruth Norman dice que los marcianos pueden viajar entre galaxias en sus naves espaciales. Los marcianos, explica, visitaron la Tierra y establecieron una colonia en el desierto de Gobi.

Cuando la nave Viking 1 de la NASA se encontraba volando alrededor del planeta, tomando fotografías de posibles lugares para el aterrizaje de la nave hermana Viking 2, descubrió, sobre la superficie marciana, una figura en sombras muy semejante a una cara humana y parecida a la cara de la Esfinge de Egipto, aunque de un tamaño mucho mayor. Se trataba de una cabeza enorme de unos tres kilómetros de extremo a extremo, que parecía estar devolviendo la mirada a la cámara desde una región del planeta rojo, en una región conocida como Cydonia.

Es de imaginar la sorpresa de los controladores de la misión en el Laboratorio de Propulsión, cuando la cara apareció en sus consolas. Sin embargo, la sorpresa duró poco tiempo. Los científicos concluyeron que se trataba de una meseta marciana, muy común en los alrededores de Cydonia, solo que tenía sombras extrañas que la hacían aparecer como un rostro humano. Pocos días después NASA publicó la imagen, para que todos pudieran observarla. La descripción hablaba de una enorme formación rocosa, que se asemejaba a una cabeza humana, formada por sombras que creaban en el observador la ilusión de estar viendo ojos, nariz y boca. Los autores pensaron que esta descripción sería una buena manera de despertar la curiosidad del público y atraer el interés hacia Marte.

Pero hay investigadores que creen que la cara es una evidencia de que existe o ha existido vida inteligente en Marte, evidencia que NASA prefiere ocultar. Mientras tanto, los defensores del presupuesto de NASA, desearían que sí existiera efectivamente una antigua civilización en Marte. Aunque solo unos pocos científicos creyeron que la cara era producto de seres extraterrestres, la toma de fotografías detalladas de Cydonia se convirtió en una prioridad para la NASA cuando el Mars Global Surveyor (MGS) llegó al planeta rojo en septiembre de 1997, dieciocho largos años después que terminaran las misiones de los Viking. En abril de 1998, cuando el Mars Global Surveyor voló sobre Cydonia por primera vez, Michael Malin y su grupo controlador de la Mars Orbiter Camera, tomaron una fotografía diez veces más clara que las tomadas por las naves Viking. Pero cuando la primera imagen apareció en la web del Laboratorio de Propulsión, revelaba que la cara solo era una formación natural.

Aparentemente, después de todo, no existía aquel supuesto monumento extraterrestre. Pero no todos quedaron satisfechos. La cara en Marte está localizada a 41 grados de latitud norte marciana, donde era invierno en abril de 1998, una época del año cubierta por nubes en el planeta rojo. La cámara a bordo del MGS tenía que observar a través de tenues nubes para ver la cara. Quizás, dijeron los escépticos, las señales de extraterrestres estaban ocultas por la neblina. Los controladores de la misión se prepararon para echar otra mirada a Cydonia.

El Mars Global Surveyor es una nave para cartografiar que normalmente se enfoca en línea recta hacia el objeto y examina el planeta como una máquina de facsímile, en tiras delgadas de 2.5 km de anchas. Por ello no sobrevuela la cara muy a menudo.

Sin embargo, el día 8 de abril del año 2001, un día despejado de verano en Cydonia, el Mars Global Surveyor se acercó lo suficiente para echar una segunda mirada. "Debimos girar la nave 25 grados, para centrar el área en el campo de visión de la cámara", dice el científico de la NASA Jim Garvin.

El grupo de Michael Malin capturó una fotografía extraordinaria, utilizando la máxima resolución de la cámara. Cada píxel en la imagen del año 2001 cubría 1.56 metros, en comparación con 43 metros por píxel en la mejor de las fotos tomadas por los Viking. "Por regla general, los objetos se pueden distinguir cuando la imagen digital es 3 veces el tamaño del píxel", agregó Garvin. "Por consiguiente, si hubiera objetos en la fotografía tales como aviones sobre el terreno o pirámides semejante a las Egípcias, o aun casas pequeñas, Podríamos reconocerlas fácilmente.

Lo que en realidad muestra la fotografía es el equivalente marciano de una colina o meseta, formaciones comunes en el Oeste Americano. Esto me recuerda una gran parte de Middle Butte en la cuenca del rio Serpiente en Idaho", dice Garvin. Aquello es un cono de lava que tiene la forma de una meseta aislada y más o menos de la misma altura que la cara en Marte.

Cydonia está llena de mesetas semejantes a la cara, pero las otras no se asemejan a una cara humana y han despertado muy poco interés popular. Garvin y otros miembros del grupo científico del MGS han estudiado cuidadosamente estas mesetas utilizando un altímetro láser llamado MOLA a bordo del Mars Global Surveyor. MOLA puede medir la altura de objetos con una precisión vertical de 20 a 30 cm. "Tomamos cientos de medidas de altura de las formaciones semejantes a mesetas alrededor de Cydonia – dice Garvin – incluyendo la cara. La altura de la cara, su volumen e índice de forma, en general todas sus dimensiones, son similares a las de otras mesetas. No es diferente de las otras en ningún aspecto".

La información obtenida por el sistema de altimetría láser, es tal vez más convincente que las fotografías tomadas anteriormente para comprobar que la cara es una formación natural. Mapas tridimensionales de elevación revelan los contornos de la formación desde cualquier ángulo, sin alteraciones a causa de luces y sombras. Y en estos mapas no existen ojos, ni nariz, ni boca. Pero algunos investigadores opinan que las imágenes pudieron ser trucadas o el lugar en que se tomaron las fotos pudo ser distinto al de la cara. Las mesetas de Cydonia son de gran interés para los geólogos planetarios, ya que están localizadas en una región muy curiosa de Marte, que es una zona de transición entre cráteres hacia el sur y planicies suaves hacia el norte.

Algunos científicos piensan que las planicies del norte son restos de lo que un día fuese un gran océano marciano. Si fuera así, Cydonia habría sido en un tiempo una especie de playa. Las mesetas son exactamente lo que esperaríamos encontrar cerca de la orilla del agua, es decir, formaciones erosionadas que sobresalen del resto del terreno. Pero hay muchas otras posibilidades. Las mesetas podrían haber sido excavadas por glaciares, labradas por vientos y agua, o impelidas hacia arriba por movimientos tectónicos verticales. Pero todavía no lo sabemos.

Tal vez la mejor manera de resolver el misterio sería la de enviar a Marte un equipo de geólogos para investigar. A Garvin, un entusiasta montañista, le encantaría emprender él mismo la exploración: "Puedo imaginarme mirando hacia arriba de esta masa de rocas de 300 metros de altura y empinadas laderas". Un cinturón de grandes rocas alrededor de la base puede hacer difícil el ascenso de un robot, pero un humano seguramente no tendría tantas dificultades. Las últimas imágenes de MGS de la

Cara son tan detalladas, que Garvin ya conoce la ruta que tomaría. Hasta a preparado un papa del recorrido. La parte inicial y hasta la mitad del recorrido sería fácil, con algunas laderas empinadas en el camino. Tomaría unas dos horas llegar a la cumbre.

La vista desde allí, sería espectacular, opina Garvin. Hacia el sur, el terreno ascendería hacia las montañas. Hacia el norte, el terreno descendería hacia las explanadas. Mirando alrededor se podría ver un paisaje árido regado de colinas, mesetas y cráteres abiertos por impacto de meteoros, una mezcla curiosa. "Marte es un lugar especial, nos recuerda de nuestro hogar en la Tierra. Un día iremos a visitarlo", dice Garvin. Por esto la cara en Marte es tan popular: Pone de relevancia nuestra conexión con Marte. Pero aún sin un monumento extraterrestre, existirá mucho que explorar por los futuros visitantes.

Escalar las mesetas de Cydonia, si es ahí donde empezaramos, sería solo el principio. Garvin nos dice que la longitud del recorrido es aproximadamente de 5.5 km, con una ganancia total en elevación de cerca de 350 metros. Fácil al inicio y a medio camino, con algunas secciones muy inclinadas.

El Comité de Acción Formal de Estudios Extraterrestres (FACETS) comenzó en mayo de 2000 una nueva campaña para conseguir que la NASA volviese a fotografiar la región de Cydonia, donde, tal como hemos indicado, se encuentran una serie de formaciones anómalas de apariencia artificial. Dirigida por el escritor David Jinks, la iniciativa contó rápidamente con el apoyo del abogado Peter Gersten, director de la asociación CAUS (Ciudadanos contra el secreto de los Ovnis), que ha formulado diversas peticiones jurídicas para que el gobierno norteamericano divulgue toda la información que tiene sobre el asunto Ovni, y también del conocido divulgador de enigmas marcianos Richard Hoagland, así como de diversos programas radiofónicos de audiencias millonarias.

Unos días después se divulgaban las nuevas imágenes, y se observaron diversas anomalías, tales como formaciones piramidales, protuberancias extrañas, zonas de aparente neblina, superficies mucho más brillantes, o extrañas manchas, que se especula pudieran ser colonias de organismos, quizá similares a los líquenes de la Tierra. Son nuevos datos que apuntan en la dirección de que en Marte existen indicios que avalarían la existencia de seres vivos, así como restos de una antigua civilización.

Si se formalizara el descubrimiento de supuestas ruinas en Marte, se acelerarían los planes, para enviar una expedición tripulada. Hubo una serie de reuniones entre americanos y rusos con el fin de estudiar una misión conjunta de estas características. se trataría de un proyecto que tendría ya resueltos algunos problemas técnicos, como el suministro de oxígeno en Marte, pues la NASA acaba de presentar un primer prototipo de máquina para producir oxígeno a partir del dióxido de carbono presente en la atmósfera marciana. El prototipo tiene el tamaño de un microondas y está accionado por energía solar. Phobos, es el mayor de los dos satélites de Marte, tiene unos 37 Km. de diámetro y realiza una órbita en sentido inverso al de la mayoría de los satélites naturales del Sistema Solar.

Phobos, que para muchos es como una patata espacial, describe una órbita muy irregular, acercándose y alejándose de Marte, y es el único satélite en el Sistema Solar que no parece estar sincronizado con su planeta. Es el único que tiene un día más corto que el del planeta que órbita. Phobos realiza su órbita en 7 horas y 32 minutos, es decir, que en un día marciano es capaz de salir y desaparecer dos veces, acelerando y disminuyendo su velocidad constantemente, característica única en el sistema solar. Los primeros fracasos en las expediciones a Marte fueron las extrañas desapariciones de las sondas espaciales soviéticas Phobos I y Phobos II, lanzadas respectivamente en julio y octubre de 1988. En enero de 1989, la Phobos II llegó satisfactoriamente a Marte e incluía dos cargas de instrumentos para depositarlos en la superficie de Phobos. Pero el 28 de marzo se perdió la comunicación con ella. La agencia oficial TASS informó que la Phobos II falló en la comunicación con la Tierra tras realizar una exitosa operación alrededor de la luna marciana.

De hecho, se llegaron a realizar las mejores fotos de este satélite, pero en una de ellas aparecía un extraño objeto sólido, como si fuese un tipo de misil, acercándose a la nave, cuya sombra se reflejaba sobre la superficie de Marte. Inmediatamente después la sonda desapareció para siempre. Pocos años después la NASA reabría su carrera espacial hacia Marte con la más costosa de las misiones. Era la Mars Observer, un ambicioso proyecto que supuso una gran catástrofe para la Agencia Espacial. El 21 de Agosto de 1993, cuando la nave había llegado al planeta rojo, perdía inexplicablemente comunicación con el centro de control.

Aún hoy no se ha podido explicar de manera creíble el motivo de la pérdida de la sonda espacial, aunque algunos aseguran que los datos que la sonda estaba enviando eran incómodos para el gobierno americano. Poco después se producía la reparación del telescopio espacial Hubble que, para algunos, fue aprovechado para recoger información secreta transmitida por la Mars Observer a la Tierra.

Las teorías actuales sobre las condiciones en las que se puede encontrar vida en un planeta, requieren la disponibilidad de agua en estado líquido. Es por ello tan importante su búsqueda. Un estudio publicado en 2015 por la NASA concluyó que hace 4.300 millones de años y durante unos 1.500 millones de años, el planeta tuvo un extenso océano en el hemisferio norte, con un volumen mayor que el del Ártico, suficiente para cubrir todo el territorio marciano con una altura media de 130 metros de agua.

Marte tiene distintas capas de hielo polar, pero las nuevas mediciones sugieren que Marte también tiene cinturones de glaciares en sus latitudes centrales en los hemisferios norte y sur. Una gruesa capa de polvo cubre los glaciares. Bajo el polvo, hay glaciares hechos de agua congelada. Marte es conocido por tener distintas capas de hielo polar, pero las nuevas mediciones sugieren que el planeta también tiene cinturones de glaciares en sus latitudes centrales, en los hemisferios norte y sur. Pero las mediciones de radar muestran que debajo del polvo hay glaciares compuestos de agua congelada. Nuevos estudios han calculado el tamaño de los glaciares y sugieren que la cantidad de agua en los glaciares es el equivalente de todo Marte siendo cubierto por más de un metro de hielo.

Los resultados aparecen en Geophysical Research Letters. Los investigadores han podido observar la forma de los glaciares justo debajo de la superficie mediante el estudio de las imágenes de los diversos satélites que orbitan Marte, pero no estaban seguros de si el hielo estaba compuesto de agua congelada ($H2O$), de dióxido de carbono ($CO2$), o si se trataba de barro. Usando mediciones de radar del satélite de la NASA, Mars Reconnaissance Orbiter, los investigadores han sido capaces de determinar que es hielo de agua. Un grupo de investigadores del Instituto Niels Bohr han calculado el espesor del hielo usando observaciones de radar combinadas con el modelado de flujo de hielo. La imagen de la cámara estéreo de alta resolución muestra que una gruesa capa de polvo cubre los glaciares, por lo que aparecen como la superficie del suelo. Pero las mediciones de radar muestran que existen glaciares formados por agua congelada debajo del polvo. Nanna Bjørnholt Karlsson, del Centre for Ice and Climate del Instituto Niels Bohr en la Universidad de Copenhague, dijo: "Hemos revisado las mediciones de radar abarcando diez años en el tiempo para ver qué tan grueso es el hielo y cómo se comporta.

Un glaciar es después de todo un gran trozo de hielo y fluye y consigue una forma que nos dice algo acerca de cuán suave es. Por último, comparamos esto con cómo los glaciares de la Tierra se comportan y de allí hemos sido capaces de hacer modelos para el flujo de hielo". Los glaciares están ubicados en los cinturones alrededor de Marte, en los hemisferios norte y sur.

Complementando los escasos datos con información sobre el flujo y la forma de los glaciares de las zonas estudiadas, han sido capaces de calcular cuan grueso y voluminoso es el hielo en los cinturones de glaciares. Nanna Bjørnholt Karlsson dijo: "Hemos calculado que el hielo de los glaciares es equivalente a más de 150 mil millones de metros cúbicos de hielo – todo ese hielo podría cubrir toda la superficie de Marte con 1,1 metros de hielo". Por tanto, el hielo en las latitudes medias es una parte importante del depósito de agua de Marte. Que el hielo no se haya evaporado en el espacio en realidad podría significar que la gruesa capa de polvo está protegiendo el hielo. La presión atmosférica en Marte es tan baja que el hielo de agua simplemente se evapora y se convierte en vapor de agua. Pero los glaciares están bien protegidos bajo la gruesa capa de polvo, según los científicos.

En 2003 fueron detectadas trazas de gas metano en la atmósfera de Marte, lo cual es considerado un misterio, ya que bajo las condiciones atmosféricas de Marte y la radiación solar, el metano es inestable y desaparece después de varios años. Ello indica que debe de existir en Marte una fuente productora de metano que mantiene esa concentración en su atmósfera, y que produce un mínimo de 150 toneladas de metano cada año.

La sonda Mars Science Laboratory ("Curiosity") incluye un espectrómetro de masas que busca determinar si el metano es de origen biológico o geológico. No obstante, en el pasado existió agua líquida en abundancia y una atmósfera más densa y protectora. Estas son las condiciones más favorables que hubo para que se desarrollase la vida en Marte. El meteorito ALH84001, que se considera originario de Marte, fue encontrado en la Antártida en diciembre de 1984 por un grupo de investigadores del proyecto ANSMET. Y algunos investigadores consideran que las formas regulares podrían ser microorganismos fosilizados. Christiaan Huygens (1629–1695), astrónomo, físico y matemático neerlandés, hizo las primeras observaciones de áreas oscuras en la superficie de Marte en 1659, y también fue uno de los primeros en detectar los casquetes polares.

Otros astrónomos que contribuyeron al estudio de Marte fueron G. Cassini, que calculó en 1666 la rotación del planeta en 24 horas y 40 minutos y en 1672 dedujo la existencia de una atmósfera en el planeta, W. Herschel, que descubrió la oblicuidad del eje de rotación de Marte y observó nubes marcianas, y J. Schroeter. En 1837 los astrónomos alemanes Beer y Mädler publicaron el primer mapamundi de Marte, con datos obtenidos de sus observaciones telescópicas, al que seguirían los del británico Dawes a partir de 1852. La primera sonda en visitar Marte fue la soviética Marsnik 1, que pasó a 193.000 km de Marte el 19 de junio de 1963, sin conseguir enviar información. La nave Mariner 4, en 1965, sería la primera en transmitir desde sus cercanías.

Junto a las Mariner 6 y 7 que llegaron a Marte en 1969 solo consiguieron observar un Marte lleno de cráteres y parecido a la Luna. Fue el Mariner 9 la primera sonda que consiguió situarse en órbita marciana. Realizó observaciones en medio de una espectacular tormenta de polvo y fue la primera en atisbar un Marte con canales que parecían redes hídricas, vapor de agua en la atmósfera, y que sugería un pasado de Marte diferente.

La primera nave en aterrizar y transmitir desde

Marte fue la soviética Marsnik 3, que tocó la superficie a 45°S y 158°O a las 13:50:35 GMT del 2 de diciembre de 1971. Posteriormente lo harían las Viking 1 y Viking 2 en 1976. La NASA concluyó como negativos el resultado de sus experimentos biológicos. El 4 de julio de 1997 la Mars Pathfinder aterrizó con pleno éxito en Marte y probó que era posible que un pequeño robot se pasease por el planeta. En 2004 una misión científicamente más ambiciosa llevó a dos robots Spirit y Opportunity que aterrizaron en dos zonas de Marte diametralmente opuestas para analizar las rocas en busca de agua, encontrando indicios de un antiguo mar o lago salado.

La Agencia Espacial Europea (ESA) lanzó la sonda Mars Express en junio de 2003 que actualmente orbita en Marte. A este último satélite artificial de Marte se le suma la nave de la NASA Mars Odyssey, en órbita alrededor de Marte desde octubre de 2001. La NASA lanzó el 12 de agosto de 2005 la sonda Mars Reconnaissance Orbiter, que llegó a la órbita de Marte el 10 de marzo de 2006 y tiene como objetivos principales la búsqueda de agua pasada o presente y el estudio del clima.

El 25 de mayo de 2008, la sonda Phoenix aterrizó cerca del polo norte de Marte. Su objetivo primario fue desplegar su brazo robótico y hacer prospecciones a diferentes profundidades para examinar el subsuelo, determinar si hubo o pudo haber vida en Marte, caracterizar el clima de Marte, estudio de la geología de Marte, y efectuar estudios de la historia geológica del agua, factor clave para descifrar el pasado de los cambios climáticos del planeta.

El 26 de noviembre de 2011 fue lanzada la Mars Science Laboratory (MSL), conocida como Curiosity. Se trata de una misión espacial que incluye un astro-móvil de exploración marciana dirigida por la NASA y que se centra en colocar sobre la superficie marciana un vehículo explorador de tipo rover.

Este vehículo es tres veces más pesado y dos veces más grande que los vehículos utilizados en la misión Mars Exploration Rover, que aterrizaron sobre Marte en el año 2004, y portará los instrumentos científicos más avanzados. El objetivo del rover es tomar docenas de muestras de suelo y polvo rocoso marciano para su análisis. El día 6 de agosto de 2012, ocho meses después de su lanzamiento, el Curiosity aterrizó en la superficie de Marte, concretamente en el cráter Gale, tras pasar por los denominados "7 minutos del pánico", periodo de tiempo durante el cual el Curiosity atravesó la atmósfera de Marte y durante los cuales el equipo técnico encargado de supervisar el viaje no pudo hacer nada, debido al retraso de 14 minutos experimentado por las señales emitidas por el rover antes de llegar a la Tierra desde Marte.

Un abogado estadounidense, Andrew D. Basiago,

escribió a la National Geographic Society pidiéndole que publicase su descubrimiento que una fotografía, tomada y enviada a la Tierra por el Mars Rover Spirit de la NASA, que contendría evidencia de vida en el planeta Marte. En su carta, Andrew D. Basiago escribe que su análisis de la fotografía de la NASA PIA10214 ha revelado imagines de seres humanos y animales, al igual que estatuas y otras estructuras construidas por seres inteligentes. "Esta imagen es la fotografía de mayor significado tomada por seres humanos – dice Basiago -. En ella, la humanidad ha cruzado el umbral que separa nuestro pasado de una raza terrestre de nuestro futuro, como una civilización que viaja por el espacio haciendo contacto con especies extraterrestres.

Este descubrimiento de la era comienza un nuevo capítulo de la aventura humana en el Cosmos". Andrew D. Basiago, el abogado que descubrió la supuesta evidencia de vida en Marte, comienza su carta diciendo: "Le escribo para informar a La National Geographic Society que he descubierto vida en Marte". La fotografía de la NASA que supuestamente contiene evidencia de vida en Marte es el PIA10214, un montaje panorámico de una serie de imágenes del planeta rojo tomados por la nave Spirit en noviembre del 2007, cuando Spirit se encontraba posado cerca del borde occidental de la meseta denominada Home Plate, en la cuenca interior de las montañas Columbia, que se ubican dentro del cráter Gusev. Esta foto tuvo relevancia en algunos medios de comunicaciones en enero del

2008, cuando dos figuras aparentemente humanoides se destacaron al extremo izquierdo de la meseta.

Las figuras rápidamente fueron descartadas como una formación de roca natural causada por la erosión, el viento, el agua y el tiempo. Basiago, fundador y presidente de la Mars Anomaly Research Society (MARS), pensó que las formas enigmáticas tenían aspecto de estatua o de restos fosilizados de marcianos huyendo de un cataclismo. Si las figuras en la meseta eran lo que parecían, razonó, entonces el valle inferior podía también contener evidencia que Marte es o fue habitada. Después de ampliar la fotografía tomada por Spirit, el abogado estudió el extenso campo occidental de la superficie marciana buscando otras indicaciones de vida.

Basiago dijo: "Me maravillé por lo que había hallado. Allí, en el Planeta Rojo, había seres vestidos en ropas azules, además de observar el arte abstracto de una civilización marciana. Estaba viendo la primera evidencia de vida en Marte, más allá de la Tierra. … Habría evidencia pictográfica de vida en Marte, incluyendo especies humanas y animales, estatuas esculpidas y estructuras construidas".

Según Basiago, los humanoides fotografiados tienen cabezas bulbosas y cuerpos alongados, como los seres descritos habitualmente descritos como grises en los informes de contactos extraterrestres. Algunos tendrían dos brazos y piernas como los seres humanos, mientras que otros tendrían múltiples apéndices y cuerpos segmentados, como si fuesen híbridos humano-insecto. En una parte de la fotografía, el área denominada Tsiolkovski Ridge contiene una extraña colección de estatuas con diferentes cabezas humanas y de animales. En otra, seres humanoides pueden observarse sentados entre un grupo de piedras en cuyo centro se halla una calavera humanoide. Muchos de los animales que aparecen en la fotografía de la NASA se asemejan a sapos, lagartijas, serpientes y tortugas de la Tierra. Otros se parecen a una especie extinguida de reptil conocida como plesiosauro, con cuellos largos como serpientes y cuerpos redondos como tortugas. Junto a su carta, el abogado adjunto un documento titulado The Discovery of Life on Mars, mostrando imágenes de humanoides, animales, estatuas y estructuras que se observan en la fotografía de la NASA.

En la mitología romana, Marte era el dios de la guerra, hijo de Júpiter y de Juno. Se le representaba como a un guerrero con armadura y yelmo. El lobo y el pájaro carpintero eran sus símbolos. Era marido de Bellona y amante de Venus, con quien tuvo dos hijos, Fuga y Timor, conocidos como Deimos y Fobos por los griegos. Fue identificado con el Ares griego. Pero Marte no es simplemente un Ares romanizado, sino una deidad puramente itálica, patrón de muchas ciudades, como Alba Longa, y tribus como la de los sabinos y los etruscos, antes del surgimiento de Roma. Se cree que el nombre Mars, sin derivaciones indoeuropeas, proviene del etrusco Maris. Marte dio nombre al cuarto planeta del sistema solar, al segundo día de la semana, Martes, y al tercer mes del año, marzo. Juno huyó del Olimpo y se adentró en un templo consagrado a Flora, diosa de las flores y de los jardines. Allí esta diosa aconsejó a Juno que cogiese una flor que se hallaba en los campos de Oleno. Juno, fue hacia aquellos campos, y vio la flor que le había indicado Flora.

Era la flor más bonita que había visto jamás. Pero en realidad era Júpiter en forma de flor. Al coger la flor en su regazo, nació el dios de la guerra, Marte. Originalmente, Marte era el dios patrón de los pueblos itálicos, que eran tanto guerreros como agricultores, y ello se refleja en su naturaleza bivalente, como otros dioses romanos.

Era un dios guerrero, que protegía a su pueblo contra sus enemigos. También era un dios ctónico asociado a la tierra, a la protección física y espiritual de los cultivos. Marte era considerado como el padre de Rómulo y una de las tres divinidades tutelares de Roma junto con Júpiter y Quirino. Como dominios de Marte se consideraban unos bosques misteriosos en los que habitaba el pájaro carpintero. Estaban consagrados a Marte varios animales como el buey labrador, el caballo de batalla, los rebaños de carneros, y los cerdos que se le inmolaban. Al contrario que su contraparte griega, Marte gozaba de una inmensa popularidad, y era la deidad más adorada en Roma, solo sobrepasada por Júpiter. Al ser padre de Rómulo, se le consideraba padre de todos los romanos. Sus sacerdotes eran los salios, encabezados por el Flamen Martialis.

Estos sacerdotes, armados con los legendarios escudos y lanzas que Marte entregó a Numa Pompilio, ejecutaban una danza guerrera arcaica y primitiva; consistente en fuertes saltos y pisotones en el suelo, mientras se cantaban himnos a Marte y Quirino. Los salios eran elegidos entre las familias patricias. El más famoso fue Publio Cornelio Escipión el Africano.

Hay quienes opinan que la vida terrestre se originó en Marte. Saber si la vida terrestre se originó en Marte es uno de los mayores interrogantes sobre el planeta rojo. Ello se basa en el descubrimiento en la Antártica de meteoritos provenientes de Marte con estructuras que recuerdan a los microbios terrestres. Sin embargo, como no hay acuerdo en la comunidad científica sobre si las estructuras son orgánicas o inorgánicas, continúa el debate sobre si la vida terrestre se originó en Marte. Por lo poco que sabemos, Marte parece ser el único planeta, aparte de la Tierra, en el que la vida, tal como la entendemos, podría existir en cantidades limitadas. En astrofísica se llama zona de habitabilidad estelar a una estrecha región en donde, de encontrarse ubicado un planeta o satélite rocoso con una masa comprendida entre 0,6 y 10 masas terrestres y una presión atmosférica superior a los 6,1 milibares, la luminosidad y el flujo de radiación incidente permitiría la presencia de agua en estado líquido sobre su superficie.

Definida por primera vez en 959 por Su-Shu Huang, la zona de habitabilidad estelar se encuentra delimitada por dos radios, uno interno y otro externo. Mientras el radio interno establece la distancia mínima capaz de salvaguardar el entorno planetario de un efecto invernadero desbocado, el externo, por el contrario, muestra la distancia máxima en la que este mismo fenómeno es capaz de impedir que las bajas temperaturas aboquen al planeta a una glaciación perpetua. Junto a la zona de habitabilidad estelar, recientemente algunos astrónomos norteamericanos han definido la denominada zona de habitabilidad galáctica. Alejada de las fuentes intensas de radiación, sobre todo del violento centro galáctico y de las regiones activas de formación estelar, la conjunción de estas dos zonas presenta las condiciones más favorables para la aparición y posterior desarrollo de la vida en un entorno planetario adecuado. Se llama ecósfera a la zona potencialmente apta para la generación y existencia de vida en un sistema planetario.

También se llama ecósfera a una envoltura teórica alrededor de una estrella en la que un planeta no tendría una temperatura ni demasiado elevada ni demasiado baja para la existencia de vida como la de la Tierra. En nuestro sistema solar, sólo Venus, la Tierra y Marte están dentro de los límites de la ecósfera. Sin embargo, debemos recordar que la determinación de la ecosfera está basada en nuestra concepción de la vida. Y hasta 1962 Venus era considerada como un posible hogar para la vida. Fue el Mariner II el que llegó hasta unas 21.000 millas de Venus. Y a partir de la información que envió se consideró que el planeta Venus debía ser descartado como contenedor de vida. Los datos aportados por el Mariner indicaban que la temperatura promedio en la superficie, tanto bajo la luz solar como en la sombra era de unos 4200° C. A esta temperatura no puede haber agua, sino sólo lagos formados por metales fundidos.

La idea popular de que Venus era la hermana gemela de la Tierra se había terminado, aun cuando se consideró que en Venus podrían subsistir todo tipo de bacterias. Pero teníamos que tener en cuenta que Venus ejerció una atracción muy grande en algunas antiguas civilizaciones, como la de los Mayas. También los científicos habían declarado que la vida en Marte es prácticamente imposible, aunque esta visión se ha modificado, dándola como posible. Después del exitoso reconocimiento de Marte por parte de la misión Mariner, debemos considerar que la posibilidad de vida en Marte no es improbable. Está incluso dentro de los límites de las posibilidades que Marte tuviera una civilización hace milenios. Y la misteriosa luna marciana Phobos merecería ser estudiada a fondo. Immanuel Velikovsky (1895 – 1979) fue un médico, psicólogo y psicoanalista ruso, autor de varias obras especulativas, entre las que destaca Mundos en Colisión, publicada en 1950, donde propone que en tiempos históricos la Tierra ha estado a punto de colisionar con otros planetas del sistema solar (Venus y Marte), que le hicieron detener su giro durante un día y volver a continuar según el pasaje bíblico.

Ello se podría considerar imposible por la ley de conservación del momento angular, pero el autor intenta explicarlo mediante una innovadora propuesta cósmica, donde la fuerza electromagnética juega un importante papel en el orden del universo. Immanuel Velikovsky declaró que un cometa gigante había chocado con Marte, aunque probablemente se trataba de un planeta situado entre la ubicación de los actuales planetas Marte y Júpiter, y que Venus se había formado como resultado de esa colisión. Su teoría podría demostrarse si Venus tuviese una temperatura muy alta en su superficie, nubes con hidrógeno carburado y una rotación anómala.

La evaluación de los datos del Mariner II confirmaron esta teoría: Venus es el único planeta que rota "hacia atrás", o sea, es el único planeta que no sigue las reglas de rotación de nuestro sistema solar como lo hacen Mercurio, la Tierra, Marte, Júpiter, Saturno, Urano y Neptuno. Pero si una catástrofe cósmica fuera una posible razón para la destrucción de una civilización en el planeta Marte, eso probaría la teoría de que la Tierra pudo haber recibido visitas desde el espacio en un remoto pasado. Podría ser que un grupo de marcianos llegaran a la Tierra para fundar una nueva cultura de homo sapiens mediante su mestizaje con los nativos terrestres. Dado que la gravedad de Marte es menor que la de la Tierra, se puede asumir que los seres de Marte eran verdaderos gigantes. Esto explicaría las leyendas sobre gigantes que vinieron de las estrellas, que movieron enormes bloques de piedra y que instruyeron a los hombres.

Brian Desborough nació en el condado de Dorset, en el sur de Inglaterra, y fue Director de Investigación y Desarrollo de varias compañías norteamericanas de alta tecnología. También ha sido consultor en compañías dedicadas a la industria aeroespacial. Además de diversos artículos, ha escrito varios libros entre los que destacan: "They cast no shadows" y "A blueprint for a better world". En sus escritos ha tenido en cuanta esta frase del físico Nikola Tesla: "La ciencia en sí misma es perversa, a menos que tenga como objetivo el bienestar de la Humanidad".
Y Brian Desborough añade: "Las verdades históricas, religiosas y políticas han sido escondidas a la gente a fin de perpetuar los conflictos armados.

Del mismo modo, si la tecnología en la actualidad fuera utilizada para favorecer a la Humanidad, la enfermedad, el hambre y la contaminación ambiental serían prácticamente erradicados". Brian Desborough cree que la Tierra estuvo en el pasado mucho más cerca del Sol de lo que está hoy y que Marte orbitaba más o menos donde la Tierra lo hace ahora. Si, como se alega, los cañones hondos en la superficie de Marte fueron causados por masivos torrentes de agua, tiene que haber habido un ambiente más cálido en Marte, porque hoy es tan frío que el agua se congelaría en un instante y la atmósfera de casi vacío haría al agua se evaporarse en un instante. Desborough dice que la mayor proximidad de la Tierra al Sol provocó que los primeros seres humanos de la Tierra fueran de raza negra, con la pigmentación adecuada para defenderse de los potentes rayos del Sol. Desborough dice que Marte, entonces con un ambiente muy parecido al nuestro, tenía una raza blanca antes del cataclismo de Venus. Su investigación lo ha convencido de que los marcianos blancos construyeron las pirámides que han sido registradas en Marte y fueron a la guerra contra una raza negra avanzada para conquistar la Tierra.

Estas guerras, dice, son las guerras de los «dioses» descritas en los textos épico-mitológicos de la India, como el Mahabhárata y el Ramayana. Desborough añade que, después del cataclismo, los marcianos blancos que se habían establecido en la Tierra fueron abandonados aquí sin su tecnología y con su planeta de origen devastado. Estos marcianos blancos se convirtieron en los pueblos blancos de la Tierra. Algunos científicos afirman que cuando la gente blanca es sumergida en tanques de privación sensoriales por períodos largos, su ritmo circadiano tiene una frecuencia de 24 horas 40 minutos, que no corresponde al período rotacional de la Tierra, sino de Marte. Esto no sucedería con razas no blancas, que sí que están en armonía con la rotación de la Tierra.

Desborough cree que estos marcianos blancos eran una raza muy avanzada del mundo antiguo, conocida como los fenicios o los arios, que empezaron el largo proceso de regresar a su anterior poder tecnológico después de los trastornos que destruyeron la superficie de su propio planeta, Marte. Una raza blanca, conocida como los fenicios y por otros nombres, eran probablemente quiénes estaban detrás de la civilización egipcia, por lo menos desde el 3000 a. C. Y la meseta de Giza, donde fue construida la gran pirámide, era antes conocida como El-Kahira, un nombre que derivaba del sustantivo árabe, El-Kahir, de donde proviene el nombre de El Cairo, que a su vez es el nombre para Marte. Los textos antiguos revelan que la medición del tiempo estaba muy relacionada con Marte, y el 15 de marzo, los Idus de Marzo (Marte), era una fecha clave en su calendario relacionado con Marte, como lo es el 26 de octubre. El primero conmemoraba el inicio de la primavera y el segundo era el final del año en el calendario celta. Las historias del Santo Grial del Rey Arturo se conectan también con este tema. Camelot aparentemente significa Ciudad de Marte.

Seguramente lo antes indicado explica los trastornos cataclismos que la Tierra ha sufrido en el período entre el 11000 y el 1500 a. C. El primero terminó con la conocida como Era Dorada y arrasó las avanzadas civilizaciones que habían existido antes de entonces. Las razas extraterrestres tal vez dejaron el planeta de antemano o sobrevivieron refugiándose en las zonas más elevadas del planeta o yéndose al interior de la Tierra. Lo mismo paso con el cataclismo posterior. Muchos de los extraterrestres, y la mayoría de los seres humanos de la Tierra no sobrevivieron a estas catástrofes.

Los que sobrevivieron tuvieron que empezar de nuevo, pero sin la tecnología antes disponible. Los supervivientes eran de dos categorías: los de origen principalmente extraterrestre, que conservaron los conocimientos avanzados, y los seres humanos, la raza esclava, que no lo hizo. Los primeros también se subdividieron en dos grupos. Había aquellos que deseaban usar sus conocimientos positivamente y comunicar su información a la humanidad, y aquellos que trataron de acumular los conocimientos y usarlos para manipular y controlar a la humanidad. La lucha entre esos dos grupos sobre el uso de los conocimientos continúa hasta la actualidad.

A medida que las sociedades se recuperaron de esos cataclismos del 11000 a. C., otros cataclismos causaron más devastación durante los miles de años que siguieron, y la humanidad se enfrentó con muchos nuevos principios.

Brian Desborough sugiere que alrededor del 4800 a. C., aunque la fecha podría ser anterior, un cuerpo inmenso, que ahora conocemos como Júpiter, irrumpió en nuestro sistema solar procedente del espacio exterior. A causa de esta repentina irrupción, los planetas exteriores quedaron fuera de control y este nuevo planeta, Júpiter, al final chocó con un planeta que giraba entre los actuales planetas Marte y Júpiter, y cuyo nombre se supone que era Faetón.

En la mitología griega, Faetón ('brillante') era hijo de Helios y de Clímene, esposa de Mérope. Alternativamente, fue considerado el hijo que Eos dio a Céfalo y que Afrodita robaría cuando no era más que un niño, para convertirlo en un daimon, guardián nocturno de sus más sagrados santuarios. Los cretenses le llamaron Adymus, que para ellos significaba estrella de la mañana y de la tarde. Faetón alardeaba con sus amigos de que su padre era el dios-sol. Éstos se resistían a creerlo y Faetón terminó acudiendo a su padre Helios, quien juró por el río Estigia darle lo que pidiera. Un día Faetón quiso conducir su carruaje, que era el mismo Sol.

Aunque Helios intentó disuadirle, Faetón se mantuvo inflexible. Cuando llegó el día, Faetón se dejó llevar por el pánico y perdió el control de los caballos blancos que tiraban del carro. Primero giró demasiado alto, de forma que la tierra se enfrió. Luego bajó demasiado, y la vegetación se secó y ardió. Faetón convirtió accidentalmente en desierto la mayor parte de África, quemando la piel de los etíopes hasta volverla negra. Finalmente, Zeus fue obligado a intervenir golpeando el carro desbocado con un rayo, para pararlo, y Faetón se ahogó en el río Erídano (el italiano Po). Su amigo Cicno se apenó tanto que los dioses lo convirtieron en cisne.

Sus hermanas, las helíades, también se apenaron y

fueron transformadas en álamos, según Virgilio, convirtiéndose sus lágrimas en ámbar. En las primeras referencias homéricas, Faetón es simplemente otro nombre del propio Helios. Posteriormente fue reemplazado por Apolo como dios-sol. Se conservan fragmentos de la tragedia de Eurípides sobre este mito, Phaethon. El tema de la estrella caída debe haber sido conocido en Israel, pues Isaías se refiere a él cuando amonesta al rey de Babilonia.

La Enciclopedia Judía cuenta que «es obvio que el profeta, al atribuir al rey babilonio un exceso de orgullo, seguido de su caída, tomó la idea prestada de una leyenda popular relacionada con la estrella de la mañana». La imagen de la estrella caída reaparece en el Apocalipsis de San Juan. En el siglo IV, San Jerónimo de Estridón, santo y doctor de la Iglesia, tradujo 'estrella de la mañana' por «Lucifer», trasladando el elemento mítico de la estrella caída a la mitología cristiana.

Según Desborough, Los restos de Faeton se convirtieron en el cinturón de asteroides y una parte desgajada de Júpiter se separó para convertirse en el planeta que ahora conocemos como Venus. Cuando Venus, un trozo inmenso de materia informe, fue proyectado al espacio, destruyó la atmósfera y la vida de Marte antes de que fuera atrapado por el campo gravitacional de la Tierra. Venus orbitó la Tierra antes de que su velocidad lo lanzara a su posición actual en el sistema solar.

Fueron esas órbitas alrededor de la Tierra las que causaron una gran devastación, acompañada de gigantescos maremotos, aproximadamente en el 4.800 a.c. Brian Desborough también considera que, antes de este tiempo, Marte giraba alrededor del Sol en la órbita actual de la Tierra y nuestro planeta estaba mucho más cerca del Sol. La brillante luz de Venus cuando pasó cerca de la Tierra puede estar relacionada con la idea de Lucifer, el «portador de la luz». Y es significativo, como posible apoyo a la teoría de su aparición alrededor del 4800 a.C., que los registros mesopotámicos y centroamericanos más antiguos no incluyen a Venus en sus recuentos planetarios iniciales, apareciendo posteriormente. Hubo una verdadera obsesión con Venus en muchas culturas, al que se le hacían sacrificios humanos.

La superficie del planeta Marte presenta diversos tipos de formaciones permanentes, entre las cuales las más fáciles de observar son dos grandes manchas blancas situadas en las regiones polares, una especie de casquetes polares del planeta. Cuando llega la estación fría, el depósito de hielo perpetuo empieza por cubrirse con una capa de escarcha debido a la condensación del vapor de agua atmosférico. Luego, al seguir bajando la temperatura, desaparece el agua congelada bajo un manto de nieve carbónica, que se extiende al casquete polar hasta rebasar a veces el paralelo de 60°. Ello es así porque se congela parte de la atmósfera de CO_2. Recíprocamente en el hemisferio opuesto, la primavera hace que la temperatura suba por encima de -120 °C, lo cual provoca la sublimación de la nieve carbónica y el retroceso del casquete polar.

Luego, cuando el termómetro se eleva a más de – 80 °C, se sublima la escarcha y solo subsisten entonces los hielos permanentes. Pero ya el frío vuelve y los hielos permanentes no sufrirán una ablación importante.

La masa de hielo perpetuo tiene un tamaño de unos 100 km de diámetro y unos 10 m de espesor. Así pues los casquetes polares están formados por una capa muy delgada de hielo de CO_2 ("hielo seco") y quizá debajo del casquete Sur haya hielo de agua. En cien años de observación el casquete polar Sur ha desaparecido dos veces por completo, mientras el Norte no lo ha hecho nunca. Los casquetes polares muestran una estructura estratificada con capas alternantes de hielo y distintas cantidades de polvo oscuro. La masa total de hielo del casquete polar Norte equivale a la mitad del hielo que existe en Groenlandia. Además el hielo del polo Norte de Marte se asienta sobre una gran depresión del terreno, estando cubierto por hielo de CO_2 ("hielo seco").

El 19 de junio de 2008 la NASA afirmó que la sonda Phoenix debió haber encontrado hielo al realizar una excavación cerca del Polo Norte de Marte. Unos trozos de material sublimaron después de ser descubiertos el 15 de junio por un brazo de robot. El 31 de julio de 2008 la NASA confirmó que una de las muestras de suelo marciano introducidas en uno de los hornos del Thermal and Evolved-Gas Analyzer (TEGA), un instrumento que forma parte de la sonda, contenía hielo de agua.

Durante 1998-1999, el sistema orbital Mars Global Surveyor de la NASA detectó manchas oscuras en las dunas de la capa de hielo del polo sur, entre las latitudes 60°-80°. La peculiaridad de estas manchas, es que el 70% de ellas ocurre anualmente en el mismo lugar del año anterior. Las manchas de las dunas aparecen al principio de cada primavera y desaparecen al principio de cada invierno, por lo que un equipo de científicos de Budapest, ha propuesto que estas manchas podrían ser de origen biológico. Por su parte, la NASA ha concluido que las manchas son producto de erupciones frías de géiseres, los cuales son alimentados no por energía geotérmica sino por energía solar.

Científicos de la NASA explican que la luz del sol calienta el interior del hielo polar y lo sublima a una profundidad máxima de 1 metro, creando una red de túneles horizontales con gas de dióxido de carbono (CO_2) bajo presión. Eventualmente, el gas escapa por una fisura y acarrea consigo partículas de arena basáltica a la superficie. No se dispone todavía de datos suficientes sobre la evolución térmica marciana. Por hallarse Marte mucho más lejos del Sol que la Tierra, su clima es más frío, y tanto más por cuanto la atmósfera, al ser tan tenue, retiene poco calor. De ahí que la diferencia entre las temperaturas diurnas y nocturnas sea más pronunciada que en nuestro planeta. A ello contribuye también la baja conductividad térmica del suelo marciano.

La temperatura en la superficie marciana depende de la latitud y presenta variaciones estacionales. La temperatura media superficial es de unos -55 °C. La variación diurna de las temperaturas es muy elevada, como corresponde a una atmósfera tan tenue. Las máximas diurnas, en el ecuador y en verano, pueden alcanzar los 20 °C o más, mientras las mínimas nocturnas pueden alcanzar fácilmente -80 °C. En los casquetes polares, en invierno las temperaturas pueden bajar hasta -130 °C.

Enormes tormentas de polvo, que persisten durante semanas e incluso meses, oscureciendo todo el planeta, pueden surgir de repente. Están causadas por vientos de más de 150 km/h. Dichas tormentas pueden alcanzar dimensiones planetarias. Durante un año marciano parte del CO_2 de la atmósfera se condensa en el hemisferio donde es invierno, o se sublima del polo a la atmósfera cuando es verano. En consecuencia, la presión atmosférica tiene una variación anual. Al igual que en la Tierra, el ecuador marciano está inclinado respecto al plano de la órbita un ángulo de 25°,19. La primavera comienza en el hemisferio Norte en el equinoccio de primavera, cuando el Sol atraviesa el punto Vernal pasando del hemisferio Sur al Norte.

En el caso de Marte esto tiene también un sentido

climático. Los días y las noches duran igual y comienza la primavera en el hemisferio Norte. Esta dura hasta el solsticio de verano en que el día tiene una duración máxima en el hemisferio Norte y mínima en el Sur. Por ser la duración del año marciano aproximadamente doble que el terrestre también lo es la duración de las estaciones. La diferencia entre sus duraciones es mayor porque la excentricidad de la órbita marciana es mucho mayor que la terrestre.

La comparación con las estaciones terrestres muestra que, así como la duración de estas difiere a lo sumo en 4,5 días, en Marte, debido a la gran excentricidad de la órbita, la diferencia llega a ser primeramente de 51 días. Actualmente el hemisferio Norte goza de un clima más benigno que el hemisferio Sur. La razón es que el hemisferio Norte tiene otoños e inviernos cortos. Además, cuando el Sol está en el perihelio y dada la excentricidad de la órbita del planeta, hace que sean más benignos.

Además, la primavera y el verano son largos, pero estando el Sol en el afelio son más fríos que los del hemisferio Sur. Para el hemisferio Sur la situación es la inversa. Hay pues una compensación parcial entre ambos hemisferios, debido a que las estaciones de menos duración tienen lugar estando el planeta en el perihelio y entonces recibe del Sol más luz y calor. Debido a la retrogradación del punto Vernal y al avance del perihelio, la situación se va decantando cada vez más.

Hay un gran debate respecto a la historia pasada de Marte. Para unos, Marte albergó en un pasado grandes cantidades de agua y tuvo un pasado cálido, con una atmósfera mucho más densa y con el agua fluyendo por la superficie, por lo que fue excavando los grandes canales que surcan su superficie. La orografía de Marte presenta un hemisferio norte que es una gran depresión y donde los partidarios de Marte húmedo sitúan al Oceanus Borealis, un mar cuyo tamaño sería similar al Mar Mediterráneo. El agua de la atmósfera marciana posee cinco veces más deuterio que en la Tierra. Esta anomalía, también registrada en Venus, se interpreta como que los dos planetas tenían mucha agua en el pasado pero que acabaron perdiéndola. El agua de mayor peso tiene mayor tendencia a permanecer en el planeta y no perderse en el espacio. Los recientes descubrimientos del robot de la NASA Opportunity avalan la hipótesis de un pasado húmedo. A finales de 2005 surgió la polémica sobre las interpretaciones dadas a determinadas formaciones de rocas que exigían la presencia de agua, proponiéndose una explicación alternativa que rebajaba la necesidad de agua a cantidades mucho menores y reducía el gran mar o lago ecuatorial a una simple charca donde nunca había existido más de un palmo de agua salada.

Algunos científicos han criticado el hecho de que la NASA solo investiga en una dirección, buscando evidencias de un Marte húmedo y descartando las demás hipótesis. Así pues, tendríamos en Marte tres eras. Durante los primeros 1.000 millones de años tendríamos un Marte calentado por una atmósfera que contenía gases de efecto invernadero suficientes para que el agua fluyese por la superficie y se formaran arcillas. Sería la era Noeica, que sería el antiguo reducto de un Marte húmedo y capaz de albergar vida. La segunda era duró de los 3800 a los 3500 millones de años y en ella ocurrió el cambio climático. La era más reciente y larga, que se cree dura casi toda la historia del planeta y que se extiende de los 3500 millones de años a la actualidad, con un Marte tal como lo conocemos en la actualidad, frío y seco.

El paradigma de un Marte húmedo que explicaría los accidentes orográficos de Marte está dejando paso al paradigma de un Marte seco y frío donde el agua ha tenido una importancia mucho más limitada. Aunque los últimos descubrimientos ponen esta hipótesis en cuestión. La órbita de Marte es muy excéntrica (0,09): entre su afelio y su perihelio, y la distancia del planeta al Sol difiere en unos 42,4 millones de kilómetros. Gracias a las excelentes observaciones de Tycho Brahe, Kepler se dio cuenta de esta separación y llegó a descubrir la naturaleza elíptica de las órbitas planetarias, consideradas hasta entonces como circulares. Este efecto tiene una gran influencia en el clima marciano. La diferencia de distancias al Sol causa una variación de temperatura de unos 30 °C en el punto subsolar entre el afelio y el perihelio.

Algunos científicos próximos a la NASA afirman que hubo vida en Marte y que su desaparición fue debida a dos explosiones nucleares masivas y a otras causas; Hay vida humana terrestre y marciana hoy viviendo en Marte. En efecto, hay numerosas anomalías inexplicables en el crater Gale marciano que apoyarían la teoría de una antigua catástrofe nuclear en Marte.

Isótopos nucleares detectados en la atmósfera marciana parecen ser indicios suficientes para sospechar que en Marte alguien hizo explotar una bomba de hidrógeno y que, según las pruebas de las mediciones y análisis del entorno, ocurrió en dos lugares distintos de Marte, Cydonia y Galaxia Chaos. La NASA habría descubierto en Marte una región con algunas características inexplicables en la superficie del planeta. La región considerada como anómala por la NASA se encuentra justo bajo el Monte de Sharp, donde los instrumentos de Curiosity registraron una superficie de tres metros de diámetro que muestra una emisión extremadamente alta de neutrones.

Las mediciones técnicas corroboran la teoría postulada por el físico estadounidense John E. Brandenburg, que desde 2011 afirma que el color rojo característico de Marte es debido a una explosión termonuclear. Según un libro escrito por el Dr. John E. Brandenburg, dos antiguas civilizaciones marcianas fueron aniquiladas por otros extraterrestres con armas nucleares. Aunque lo peor es que podríamos ser los siguientes. La controvertida teoría del Dr. Brandenburg está reflejada en su libro "Muerte en Marte: El Descubrimiento de una masacre nuclear planetaria". Fue en el año 2011 cuando el Dr. Brandenburg, en una entrevista, dijo públicamente que Marte había albergado dos antiguas civilizaciones de humanoides, una en la región llamada Cydonia Mensae y la otra en Galaxias Chaos, y que poseían un nivel similar al de los antiguos egipcios. Pero hubo dos grandes desastres.

Uno fue causado por el impacto de un asteroide en la región donde habitaba una civilización conocida como Cydonianos, y otro impacto en la región de otra civilización conocida como utopianos, lo que causó una explosión termonuclear debida a causas naturales que dio como resultado el color rojo y la existencia de sustancias radiactivas en el suelo marciano. La pregunta que se hacia el Dr. Brandenburgo era la razón por la que habían ocurrido estos dos desastres en un área tan pequeña de Marte. "La superficie de Marte está cubierta con una fina capa de sustancias radiactivas como el uranio, el torio y el potasio radiactivo, y este patrón se irradia desde un punto caliente en Marte", dijo el Dr. Brandenburg a Fox News en 2011. "Una explosión nuclear podría haber enviado los desechos de estas civilizaciones por todo el planeta".

Y tres años después de estas sorprendentes declaraciones, el Dr.Brandenburg encontró la respuesta. La alta concentración de xenón-129 en la atmósfera marciana, así como de uranio y torio en la superficie, mostraría que serían los residuos de dos explosiones nucleares no naturales, muy probablemente provocada por invasores extraterrestres. Entonces la pregunta sería quiénes eran estos extraterrestres atacando a las civilizaciones residentes en el planeta rojo. Para dar respuestas a estas preguntas, el Dr. Brandenburg sugiere que la Paradoja de Fermi, que muestra las contradicción entre algunas estimaciones que afirman que hay una alta probabilidad de existencia de civilizaciones inteligentes en el universo observable, y la ausencia de evidencia de dichas civilizaciones, se debe a una poderosa raza extraterrestre acabando con otras civilizaciones alienígenas inteligentes antes de que puedan ponerse en contacto con las demás.

La Paradoja de Fermi surgió en 1950 en medio de una conversación informal del físico Enrico Fermi con otros físicos del laboratorio, pero ha tenido importantes implicaciones en los proyectos de búsquedas de señales de civilizaciones extraterrestres (SETI). Trata de responder a la pregunta: «¿Somos los seres humanos la única civilización avanzada en el Universo?». La ecuación de Drake para estimar el número de civilizaciones extraterrestres con las que finalmente podríamos ponernos en contacto parece implicar que tal tipo de contacto no es extremadamente raro.

La respuesta de Fermi a esta conclusión es que si hubiera numerosas civilizaciones avanzadas en nuestra galaxia entonces «¿Dónde están? ¿Por qué no hemos encontrado trazas de vida extraterrestre inteligente, por ejemplo, sondas, naves espaciales o transmisiones?». Aquellos que se adhieren a las conclusiones de Fermi suelen referirse a esta premisa como el principio de Fermi. La paradoja puede resumirse de la manera siguiente: La creencia común de que el Universo posee numerosas civilizaciones avanzadas tecnológicamente, combinada con nuestras observaciones que sugieren todo lo contrario es paradójica sugiriendo que nuestro conocimiento o nuestras observaciones son defectuosas o incompletas.

La formulación de la paradoja surgió en una época en la que Fermi estaba trabajando en el Proyecto Manhattan cuyo fin era el desarrollo de la bomba atómica estadounidense. La respuesta de Fermi a su paradoja es que toda civilización avanzada desarrollada en la galaxia, desarrolla con su tecnología el potencial de exterminarse tal y como percibía que estaba ocurriendo en su época. El hecho de no encontrar otras civilizaciones extraterrestres implicaba para él un trágico final para la humanidad.
"Es posible que la Paradoja de Fermi signifique que nuestro vecindario interestelar tenga fuerzas hostiles, civilizaciones como la nuestra – explica el Dr. Brandenburg – Esas fuerzas hostiles podrían ser como la Inteligencia Artificial, como en la película Terminator, o humanoides extraterrestres con ganas

de destruir nuestro planeta… Entonces, según el conjunto de todos los datos, Marte fue el sitio de una antigua masacre nuclear planetaria, y ahora debemos considerarlo".

La teoría expuesta por el Dr. Brandenburg ha sido ampliamente aplaudida por la comunidad defensora de las teorías de la conspiración, que llevan años reivindicando de que Marte fue un planeta con vida inteligente. Todos ellos han coincidido de que los gobiernos deben planificar activamente una posible defensa contra la civilización extraterrestre que asaltó Marte.

Aunque también hay otros que creen que las catástrofes en Marte pudieron ser causadas por la mala utilización de la alta tecnología por parte de civilizaciones extraterrestres, algo similar a lo que se supone ocurrió en la Tierra hace unos 13000 años, donde un cataclismo dio como resultado el hundimiento de la Atlántida. Y tampoco podemos descartar la teoría de que la vida, tal cual la conocemos en la Tierra, se originó en Marte, donde, después de una guerra nuclear, la raza marciana que sobrevivió emigró a la Tierra, construyendo las Pirámides y otras antiguas estructuras. Según reveló el Dr Brandenburg a MailOnline: "En los lugares de las supuestas explosiones en la superficie marciana hemos encontrado pruebas de masa fundida de vidrio nuclear "trinitita", material que se encuentra en la Tierra en el lugar donde se han detonado armas nucleares. Esto apoya firmemente mi hipótesis de explosiones en el aire nucleares masivas. Hasta ahora ningún científico ha ofrecido ninguna otra explicación para este conjunto de datos".

El planeta Marte ha despertado el interés y curiosidad de los científicos y astrónomos desde siempre. En su afán por conocerlo, se han enviado sondas para recoger evidencias de la existencia de agua y de vida, entre otras cosas. Sin embargo, el llamado planeta rojo parece no querer develar sus secretos.

Uno de los grandes misterios de Marte es la diferencia entre sus dos hemisferios. El hemisferio Norte es llano y menos accidentado, mientras que el hemisferio Sur es áspero y lleno de cráteres. Una hipótesis reciente plantea que muchos años atrás, un gran trozo de roca espacial pudo haber impactado contra la superficie de la zona sureña, permaneciendo intacto el hemisferio Norte. Si hubo alguna vez sistemas fluviales en la superficie marciana es uno de los más importantes enigmas a resolver respecto a Marte. Hasta ahora, las misiones enviadas han encontrado valles, deltas, océanos y minerales que necesitan de agua para su formación, lo que hace suponer que los sistemas fluviales existieron.

Muchos expertos plantean que Marte fue una vez un planeta cálido. Sin embargo, estos modelos científicos entran en contradicción con la idea de que entonces el Sol era mucho más débil. Una nueva hipótesis se alza planteando que acaso Marte fuera frío y húmedo. El metano es un gas que en la Tierra se produce como resultado de la vida. La Agencia Espacial Europea encontró metano en la atmósfera de Marte y sospechan que ha estado allí desde hace unos 300 años. Por tanto, su origen es reciente.

Es posible también que sea resultado de la actividad volcánica, mas a ciencia cierta todavía es necesario seguir investigando. La cuestión sobre la existencia de vida en Marte es un misterio aún sin resolver. A pesar de que las condiciones de ese planeta son muy hostiles a la vida, tenemos ejemplos en la misma Tierra donde diferentes criaturas habitan en entornos extremos. En nuestro planeta hay posibilidades de vida siempre que haya al menos un poco de agua. Si en Marte hubo alguna vez océanos es posible que haya habido organismos vivos y que estos sobrevivan a pesar de todo. Sin embargo, todavía no existen evidencias en este sentido. Por otro lado, los resultados de una muestra de moléculas orgánicas que detectara la sonda Viking de la NASA arrojaron que se trataba de contaminación terrestre. Cuando se proyectan partículas sobre una placa que vibra, pueden recrearse las órbitas planetarias del sistema solar.

Cuando las ondas vibratorias que se mueven hacia afuera del centro de la placa se encuentran con ondas que se mueven en la otra dirección, se forma una llamada onda estacionaria cuando las dos chocan. Esto causa que las partículas se reúnan y creen una serie de círculos concéntricos. Éstos serán espaciados equitativamente si las frecuencias chocan entre sí.

Pero si, como en el sistema solar, está involucrado un amplio espectro de frecuencias, los círculos serán espaciados de manera desigual de conformidad con las presiones vibratorias. Los objetos más pesados puestos en cualquier lugar sobre la placa serán atraídos a uno de estos círculos concéntricos y estos objetos mismos formarán patrones de onda alrededor de sí mismos que atraerán objetos más livianos hacia ellos. En nuestro sistema solar, las ondas más fuertes están siendo emitidas desde el centro por el Sol, porque representa el 99% de la masa del sistema solar. Estas ondas solares interactúan con otras ondas cósmicas formando así una serie de ondas estacionarias que, a su vez, forman círculos concéntricos o campos vibratorios orbitando alrededor del Sol. Los cuerpos más pesados, los planetas, son atrapados en estos círculos y por lo tanto giran alrededor del Sol.

Los planetas también crean círculos de onda menos poderosos alrededor de sí mismos, y éstos pueden atraer cuerpos más livianos que giran alrededor de ellos. La Luna girando alrededor de la Tierra es un típico ejemplo. Si algo perturbara esta armonía de interacción vibratoria, afectaría a estos círculos concéntricos de energía y, si fuera suficientemente fuerte, podría cambiar la órbita de planetas.

Lo que algunos astrofísicos suponen que ocurrió con Júpiter y Venus sería lo suficientemente fuerte para provocarlo. Estos círculos de ondas estacionarias existen alrededor del Sol en relación con las presiones vibratorias involucradas, aunque no lo orbite un planeta. Existen y un cuerpo planetario simplemente puede ser atrapado. Por lo tanto, hay muchas más de estas vías vibratorias que planetas en el sistema solar, y si un planeta o cuerpo es expulsado de su órbita, puede quedar atrapado en otra órbita, cuando su velocidad disminuye lo suficientemente para ser capturado. Según Desborough esto es lo que parece ocurrió cuando las fantásticas presiones vibratorias del cometa Venus pasaron cerca de Marte y la Tierra y los movieron a órbitas diferentes.

Desborough afirma que Venus habría sido un cometa cubierto de hielo, que se habría desintegrado cuando se acercó a la Tierra y llegó a un punto conocido como el límite de Roche, que es un dispositivo de seguridad vibratoria. Cuando dos cuerpos están a punto de colisionar, el de menor masa empieza a desintegrarse en el límite de Roche. En este caso, el hielo habría sido proyectado de la superficie de Venus hacia la Tierra. También, cuando entró en el cinturón de Van Allen, que absorbe gran parte de la radiación peligrosa del Sol, el hielo habría sido ionizado y, por lo tanto, atraído hacia los polos magnéticos de la Tierra. Miles de millones de toneladas de hielo, enfriado a -273 grados centígrados, se habrían posado en las regiones polares, congelándolo todo en poco más de un instante. Esto explicaría el misterio de los mamuts encontrados en Siberia congelados repentinamente.

El mamut, contrariamente a la creencia generalizada, no era un animal de regiones frías, sino que vivía en templados prados. De algún modo, esas regiones templadas fueron congeladas instantáneamente. Esto queda probado por el hecho de haberse encontrado mamuts congelados con las hiervas que comían, perfectamente conservadas, en su estómago. Si este hielo ionizado hubiese caído procedente de Venus, la mayor concentración habría estado en la zona de los polos magnéticos, porque es donde habría habido la fuerza de atracción más fuerte.

Y, en efecto, la masa de hielo en las regiones polares es mayor en los polos que en la periferia. Esto podría explicase mediante la teoría de Venus.

En el libro de Job, libro bíblico del Antiguo Testamento, que se considera mucho más antiguo que el resto de la Biblia, se hace esta enigmática pregunta: «¿De dónde vino el hielo?». Los antiguos habitantes del planeta podían haber tenido mapas de los polos Norte y Sur antes de que el hielo los cubriera, tal como puede observarse en los mapas de de Piri Reis. Los polos estaban libres de hielo hasta hace aproximadamente unos 7.000 años, que coincide con esta supuesta catástrofe ocurrida alrededor del 4.800 A.C.

Esto implicaría que en realidad no hubo una edad de hielo como se supone oficialmente. Antes de este gigantesco cataclismo, la Tierra tenía un ambiente tropical uniforme, como han mostrado las plantas fosilizadas. Esto habría cambiado no sólo por la llegada repentina del hielo, sino también por la destrucción de la bóveda de vapor de agua que cubría la Tierra, tal como se describe en el Génesis y otros textos antiguos. Esta bóveda habría garantizado un ambiente tropical uniforme, que repentinamente se extinguió. Este dramático cambio en la temperatura en los polos habría chocado con el aire tibio y causado vientos devastadores, tal como se describe en las leyendas y mitos chinos.

Las presiones creadas al orbitar Venus alrededor de la Tierra habrían producido un maremoto con olas de 3 km de altura en los océanos, que concuerda con las pruebas de que la agricultura empezó en altitudes superiores a los 3.000 metros.

En su obra Leyes, Platón explica que la agricultura comenzó en las montañas después de que una inundación gigantesca cubrió todas las tierras bajas. El botánico, Nikolai Ivanovitch Vavilov, estudió más de 50.000 plantas salvajes en todo el mundo y descubrió que se originaron en sólo ocho áreas diferentes: todas ellas en terreno montañoso. El maremoto habría causado presiones sobre la superficie terrestre de unos 310 Kgs/cm2, creando nuevas cordilleras y fosilizándolo todo en pocas horas. Esto puede probarse, ya que hoy en día puede crearse piedra artificial mediante presiones de esta magnitud.

Se han encontrado árboles fosilizados intactos y eso sería imposible a menos que ocurriese en un instante, porque el árbol normalmente se habría desintegrado antes de que pudiera ser fosilizado durante un amplio período de tiempo. De hecho, actualmente no se forman fósiles de esta clase. Según Desborough son el resultado de estos cataclismos. Immanuel Velikovsky causó indignación en los medios científicos, a mediados del siglo XX, sugiriendo que la Tierra habría sufrido enormes catástrofes cuando Venus, que entonces era un cometa, se precipitó en esta parte del sistema solar antes de establecerse en su órbita actual.

Cuando la misión Mariner 10 fotografió Venus, las teorías de Velikovsky demostraron ser correctas, incluyendo lo que parecían ser los restos de una cola de cometa. Las imágenes del Mariner 9 en Marte también confirmaron algunas de las teorías de Velikovsky, que había afirmado que el cometa Venus, en su órbita algo errática por la zona del sistema solar próxima a la Tierra, había chocado levemente con Marte, como las bolas de billar que se rozan para cambiar su dirección, moviéndola a su órbita actual. Esto habría ocurrido alrededor del 1.500 A.C.

Según Montesinos y otros cronistas, un acontecimiento de lo más inusual tuvo lugar durante el reinado de Titu Yupanqui Pachacuti II, decimoquinto monarca del Imperio Antiguo. Fue en el tercer año de su reinado, en que «las buenas costumbres se olvidaron y la gente se entregó a todo tipo de vicios», cuando «no hubo amanecer durante veinte horas».

Es decir, la noche no terminó cuando tendría que haberlo hecho y la salida del Sol se retrasó durante veinte horas. Después de un gran lamento, de confesiones de los pecados, sacrificios y oraciones, el Sol apareció finalmente. Esto no pudo ser un eclipse, ya que no fue que el Sol se viera oscurecido por una sombra.

Además, ningún eclipse dura tanto, y los peruanos eran conocedores de estos eventos periódicos. El relato no dice que el Sol desapareciera; dice que no salió -«no hubo amanecer»- durante veinte horas. Fue como si el Sol, dondequiera que estuviera escondido, se hubiera parado de pronto. Si los recuerdos andinos son ciertos, en algún otro lugar del mundo, en las antípodas, el día tuvo que ser igual de largo, y no debió terminar cuando debería de haber terminado, por ser un día veinte horas más largo. Encontramos que Josué le habló a Yahveh, el día en que Yahveh entregó a los amorreos a los Hijos de Israel, diciendo: "la vista de los israelitas, que el Sol se detenga en Gabaón y la Luna en el valle de Ayyalón. Y el Sol se detuvo, y la Luna se paró, hasta que el pueblo se vengó de sus enemigos". Cierto es, pues todo esto está escrito en el Libro de Jashar: "el

Sol se detuvo en mitad de los cielos y no se apresuró en bajar en casi un día entero".

Las aparentes divergencias en las fechas para las grandes catástrofes se justifican por el hecho de que se produjeron varios cataclismos en este período de 11.000 a 1.500 A.C., y aún más recientemente. Los estudios efectuados por astrofísicos señalan que Marte fue devastado por estos eventos relacionados con la irrupción de Venus. Marte fue lanzado fuera de su órbita y siguió una órbita elíptica muy inestable que lo llevó entre la Tierra y la Luna cada 56 años.

El último de estos pasajes parece haber sido aproximadamente en el 1.500 A.C., cuando un gran volcán estalló en la isla griega de Santorini y terminó con la civilización Minoica en Creta. En este mismo periodo, entre 1.600 y 1.500 A.C., los niveles del océano disminuyeron aproximadamente un 20 por ciento, se formaron lagos glaciales en California, y se vació un inmenso lago en el fértil Sahara, apareciendo en su lugar el desierto que vemos hoy día.

Al final Marte se estableció en su órbita actual, pero para aquel entonces la vida sobre su superficie ya había sido arrasada. De nuevo las evidencias sobre Marte apoyan esta teoría. La misión Pathfinder a Marte descubrió que las rocas marcianas carecían de erosión suficiente para haber estado en la superficie más de 10000 años. Brian Desborough cree que la

Tierra estuvo una vez mucho más cercana del Sol de lo que está hoy y que Marte orbitaba alrededor de donde la Tierra reside ahora. Ello explicaría el clima mucho más tropical durante la época de los dinosaurios, hasta hace unos 65 millones de años.

Si los profundos cañones en la superficie de Marte fueron causados por masivos torrentes de agua, tiene que haber habido un ambiente más cálido en Marte, ya que actualmente es tan frío que el agua se congelaría en un instante y la atmósfera de casi vacío haría al agua evaporarse en un instante. Desborough cree que la mayor proximidad de la Tierra al Sol provocó que los primeros seres humanos de la Tierra fueran de raza negra, con la pigmentación adecuada para resistir mejor los potentes rayos del Sol. Esqueletos antiguos encontrados cerca de Stonehenge en Inglaterra y a lo largo de la costa de oeste de Francia demuestran características nasales y vertebrales de tipo africano.

Desborough afirma que Marte, entonces con un ambiente muy parecido al nuestro, tenía una raza blanca antes del cataclismo con Venus. Brian Desborough afirma que hay un vórtice en una de las cuadrículas de energía de la Tierra, llamada la cuadrícula de Hartmann, donde doce de estas líneas de fuerza se reúnen y bajan hacia el interior de la Tierra. Y este gigantesco vórtice está en Avebury, Inglaterra. Y este es el mismo lugar que los fenicio–sumerios eligieron para construir sus círculos de piedra hace al menos cinco mil años, junto con una serie de sitios cercanos, incluyendo Silbury Hill, el mayor túmulo hecho por humanos en Europa. Éstos forman un tablero de circuitos en el núcleo de la cuadrícula de energía, que afecta fundamentalmente la naturaleza del campo magnético terrestre.

Avebury es un lugar increíblemente poderoso si se es sensible a la energía. Aún más interesante es la conexión entre Avebury y el planeta Marte. Richard C. Hoagland, un conocido investigador, afirma que la supuesta "cara de Marte", en la zona llamada Cydonia, y las pirámides que se vislumbran son parte de una extensa área construida para alinearse con el amanecer en el solsticio de verano marciano hace 500.000 años, unos 50.000 años antes de la llegada estimada de los Anunnaki a la Tierra.

Esto podría indicar que posiblemente la misma raza que construyó las estructuras en Cydonia, incluyendo pirámides, también construyó Stonehenge y Avebury. Hay pruebas de que Avebury podía ser una imagen del complejo en Cydonia. Cuando se toman mapas topográficos a la misma escala de ambos lugares y se superponen, la correlación de objetos y las distancias entre ellos son increíblemente similares. Hoagland también descubrió que esta "Ciudad de Marte" se construyó de acuerdo con las mismas leyes utilizadas para crear otros complejos similares en la Tierra.

La misma matemática, alineaciones y geometría sagrada pueden ser encontradas en Cydonia y en las grandes estructuras del mundo antiguo, tales como Stonehenge, las pirámides en Gizeh, Teotihuacán y Zimbabwe. Esta matemática concuerda con la geometría de la "Proporción Áurea" dibujada por Leonardo da Vinci, que era un iniciado en sociedades secretas y por esta razón fue capaz de anticipar diversas tecnologías, como las máquinas voladoras. Otra enigmática constante es la latitud de 19,5 grados. Ésta es la latitud en que fueron edificadas las pirámides, los templos antiguos y otras estructuras sagradas. Es también la latitud en que sorprendentemente se encuentran los volcanes en Hawai, los volcanes Schild en Venus, el enorme volcán Monte Olimpo en Marte, la mancha oscura en Neptuno, la mancha roja en Júpiter y el área principal de actividad de manchas solares en el Sol.

Todo esto encaja perfectamente, ya que las manchas solares son emisiones de la increíblemente poderosa energía electromagnética del Sol. Y los volcanes son algunas de las principales fuentes emisoras de energía de los planetas. No es sorprendente que la latitud de 19,5 grados sea el punto de intercambio de energía entre esferas que giran y está claro que los antiguos lo sabían. Los sumerios conocían la precesión de los equinoccios, o efecto peonza de la Tierra, que mueve el planeta lentamente sobre su eje, de modo que va apuntando a lo largo de los milenios a las distintas zonas del zodíaco. Los sumerios sabían que la Tierra empleaba 2160 años el moverse a través de cada "casa" del zodíaco y unos 25.920 años para terminar el ciclo completo del zodíaco. Y este es también el periodo que emplea todo el sistema solar en completar su viaje alrededor del centro galáctico. Actualmente está finalizando el ciclo completo del sistema solar, por lo que podría preverse algún cambio.

Los templos antiguos que se encuentran en todo el mundo reflejan estos ciclos de precesión en su geometría, lo cual es realmente asombroso. La élite de los fenicio–arios tenía conocimientos enormes de la cuadrícula de energía de la Tierra y su potencial para afectar a la mente humana. Después de todo, vivimos dentro del campo magnético del planeta. Y cuando cambia, cambiamos nosotros. En las historias del Rey Arturo, Londres o Nueva Troya es conocida como Troynavant, la ciudad oriental del Rey Arturo.

Y la Camelot del Rey Arturo aparentemente significa Ciudad de Marte. Los restos descubiertos por el arqueólogo alemán, Heinrich Schliemann, en la Troya antigua, tenían muchas de las marcas encontradas sobre piedras megalíticas británicas. También estaban decoradas con la esvástica, el símbolo fenicio – ario del Sol. La vidente católica del siglo XIX Catalina Emerick afirmaba que en la Luna había vida. Si se refería a un puesto de avanzada de una colonia llegada de Marte o de la Tierra, no lo especifica.

Por otra parte, en Marte, en la región de Cydonia, puede apreciarse una extraña formación o estructura conocida como "la Fortaleza" y puede ser que esté relacionada con la época apocalíptica, y a lo que se refiere crípticamente el profeta Daniel cuando afirma que: "...Venerará en su lugar (el Anticristo), al dios de las fortalezas, dios que no conocieron sus padres. Lo honrará con oro y plata y piedras preciosas y con joyas. Con ese dios extraño (¿alienígena?) atacará los baluartes de las fortalezas...". Más adelante afirma que esa será la época de la "batalla en el cielo", en donde se alzará Miguel, defensor del pueblo del verdadero Dios y será el comienzo de la "Gran Tribulación" predicha en otras partes del Evangelio.

Una de las geometrías estructurales más llamativas de los Ovnis ha sido la que conocemos como piramidal. Con el conocimiento que se tiene hoy día sobre las extrañas formas piramidales en el planeta Marte, nos es fácil vincular el tamaño y las formas observadas en la Tierra y vincularlas con las descubiertas en ese planeta. Marte continúa siendo un gran misterio. Muestras de enormes canales enterrados, de unos 200 km de ancho, aparecieron ante las sondas que "miran" bajo la superficie. Dichos canales son capaces de haber drenado toda el agua de los océanos hacia el interior del planeta. Los viajes exploratorios no tripulados, realizados por las naves espaciales de los Estados Unidos, nos han preparado para aceptar la existencia de vida en Marte en un pasado, aunque no sabemos hace cuánto tiempo.

Otras fotografías extraordinarias evidenciarían que en Marte puede existir vida organizada y altamente tecnificada. Y no solamente la existencia de vida es parte de la realidad marciana, sino que también lo es lo que parece ser la existencia de una antigua civilización aparentemente desaparecida. Si la una es continuación de la otra, está por ver. En la región conocida como Cydonia, las naves espaciales han tomado extraordinarias fotografías de las anomalías marcianas: Pirámides que conectan esta tecnología con la planicie de Giza en Egipto, obeliscos que recuerdan a los del templo de Karnak, formas orgánicas semejando bosques de arbustos o coníferas, fósiles microscópicos tubulares, colonias de bacterias, Ovnis, estructuras semejando extraños edificios, luces que emanan a la manera de reflectores del interior del planeta, a través de lo que parecen ser grietas, objetos en movimiento sobre la superficie, formas reticulares y semicirculares y otras estructuras como un óvalo gigantesco de 900 metros de largo, así como otras formas que se asemejan a un aeropuerto con una superficie de 25 km2, etc.

Fotos que no encajan con los patrones de formaciones naturales, producidos por los impactos planetarios, movimientos tectónicos, huracanes o explosiones volcánicas. Todo parece apuntar a que tanto Marte como nuestro satélite, la misma Luna, están siendo actualmente utilizados como base de una civilización con sofisticada y desconocida tecnología. Una civilización que, o bien pudo haber escapado de la Tierra hacia esos lugares o bien, por el contrario, nos pudo haber llegado la civilización de Marte o de un planeta más distante como Nibiru, supuestamente habitado por los anunnaki, tal como nos dice la mitología de los sumerios.

La NASA reabrió su carrera espacial hacia Marte con la más costosa de las misiones: la sonda Mars Observer, un proyecto frustrado. El 21 de agosto de 1993, cuando la nave llegó a Marte, perdió la comunicación con el centro de control. Hasta ahora no se han dado explicaciones creíbles sobre las causas de la pérdida de la Mars Observer. Es posible que los datos que la sonda estaba enviando hayan sido tenidos como altamente secretos por el Gobierno americano, llevando a la nave a su propia autodestrucción. La reparación posterior del telescopio espacial Hubble fue aprovechada para recoger información secreta que había sido captada por la Mars Observer. Zecharia Sitchin (1920–2010) atribuye la creación de la cultura sumeria a los anunnaki (o nefilim), que procederían de un planeta llamado Nibiru, que supuestamente formaría parte del sistema solar.

Sitchin afirmó que la mitología sumeria refleja este punto de vista, aunque sus afirmaciones han sido contestadas por diversos científicos, historiadores y arqueólogos. Sitchin interpretó las traducciones de los textos escritos en varias tablillas de arcilla que se encuentran en distintos museos del mundo. Según esta interpretación, habría que hablar de una nueva versión de la creación humana. Seres extraterrestres serían los responsables de la evolución de la especie humana mediante ingeniería genética. Según su reinterpretación de las traducciones realizadas por los expertos en lenguas sumerias, acadias y asirio-babilónicas, existe en el Sistema Solar un planeta llamado Nibiru que se acerca cada 3600 años a la Tierra, provocando esporádicamente catástrofes. La órbita con la que Nibiru ingresa a nuestro Sistema Solar, en el sentido de las agujas del reloj, al contrario que el resto de planetas, sería la causante de tales eventos, incluyendo un choque con un planeta que orbitaba entre Marte y Júpiter, y que dio lugar a al cinturón de asteroides y a sucesivos cambios catastróficos en el Sistema Solar.

Según Sitchin, en los textos sumerios se hablaría de una raza extraterrestre, los anunnaki, que habrían creado a los humanos para que trabajaran como esclavos en sus minas de África y en otros lugares de la Tierra, como América del Sur y Mesoamérica, con el fin de obtener minerales y metales, principalmente oro. Según su interpretación, los "cabeza negra" de Sumeria fueron creados por esos seres, al hibridar, mediante manipulación genética, genes de los primitivos humanos con los de los anunnaki. Sitchin explica que la realeza era una combinación de "dioses" anunnaki y humanos.

Angel Luis Fernández

Bibliografía:

- Charles Berlitz – El Experimento Filadelfia – Proyecto de invisibilidad
- Robert Todd Carroll – Philadelphia experiment
- Cecil Adams – Did the U.S. Navy teleport ships in the Philadelphia Experiment?
- Charles Berlitz – Triángulo de las Bermudas
- Pauwels y Bergier – El Retorno de los Brujos
- A. Marco – Vril, Ovnis y sociedades secretas
- Tim Swartz – Los diarios perdidos de Nikola Tesla
- Jan van Hellsing – Las Sociedades Secretas y su poder en el siglo XX
- Joseph P. Skipper – La verdad oculta: agua y vida en Marte
- Paul Raeburn – Marte: descubriendo los secretos del planeta rojo
- Immanuel Velikovsky – Mundos en Colisión
- Immanuel Velikovsky – Ventanas al universo
- Brian Desborough – They Cast no Shadows
- Brian Desborough – A Blueprint for a Better World
- Isaak Asimov – Marte, el planeta rojo
- Michael Lipka – Roman Gods: A Conceptual Approach
- Spes Editorial. Barcelona – Observar Marte: descubrir y explorar el planeta rojo
- Joaquín Lizondo Fernández – El enigmático Marte

- Paul Raeburn – Marte: descubriendo los secretos del planeta rojo
- José Luis Sersic – La exploración a Marte
- Joaquín Lizondo Fernández – Más allá de los horizontes de la tierra: Marte, la nueva frontera
- Percivel Lowell – Mars – As the Abode of Life
- John E. Brandenburg – Muerte en Marte: El Descubrimiento de una masacre nuclear planetaria
- Alan Brain – Evidencia de vida en Marte
- Narciso Genovese – Yo he estado en Marte
- Courtney Brown – Cosmic Voyage – A Scientific Discovery of Extraterrestrials Visiting Earth
- Horace W. Crater and Stanley V. McDaniel – Mound Configurations on The Martian Cydonia Plain
- Alfred Lambremont Webre – Martian extraterrestials
- Wikipedia – Marte

SOBRE EL AUTOR

Angel Luis Fernández derrocha una gran sensibilidad ante la indefensión de las personas, los animales y las plantas ante la agresiva vida cotidiana y ello le convierte en un proselitista de vocación. Posee la capacidad de una inteligencia superior; esto lo enmarca en un cuadro de honor existencial y defiende con dulzura y humildad, no exenta de firmeza, empeño y sagacidad sus conocimientos y postulados sobre la creación y organización de los Universos, de las criaturas que los pueblan, de las filosofías y doctrinas religiosas, a la vez que se confiesa fervoroso defensor de los derechos de la vida tanto humana, como animal y vegetal.